VISHNU VARDHAN VALLEPU

Estudo experimental sobre betão auto-adensável

VISHNU VARDHAN VALLEPU

Estudo experimental sobre betão auto-adensável

ES SCC

ScienciaScripts

Imprint

Any brand names and product names mentioned in this book are subject to trademark, brand or patent protection and are trademarks or registered trademarks of their respective holders. The use of brand names, product names, common names, trade names, product descriptions etc. even without a particular marking in this work is in no way to be construed to mean that such names may be regarded as unrestricted in respect of trademark and brand protection legislation and could thus be used by anyone.

Cover image: www.ingimage.com

This book is a translation from the original published under ISBN 978-620-6-15679-6.

Publisher:
Sciencia Scripts
is a trademark of
Dodo Books Indian Ocean Ltd. and OmniScriptum S.R.L publishing group

120 High Road, East Finchley, London, N2 9ED, United Kingdom
Str. Armeneasca 28/1, office 1, Chisinau MD-2012, Republic of Moldova, Europe
Printed at: see last page
ISBN: 978-620-7-66866-3

Conteúdo

RESUMO

Definição

O Japão tem utilizado o betão auto-adensável (SCC) na construção de pontes, edifícios e túneis desde o início da década de 1990. Nos últimos cinco anos, foram construídas várias pontes de betão auto-adensável na Europa. Nos Estados Unidos, a aplicação do betão compactado na construção de pontes rodoviárias é atualmente muito limitada. No entanto, o betão pré-fabricado dos EUA está a começar a aplicar a tecnologia ao betão arquitetónico. A SCC tem um elevado potencial para aplicações estruturais mais alargadas na construção de pontes rodoviárias.

A aplicação de betão sem vibração na construção de pontes rodoviárias não é nova. Por exemplo, a colocação de betão de selagem debaixo de água é feita através da utilização de tremonha sem vibração, e o betão maciço tem sido colocado sem vibração. O betão de selagem, o betão de massa e o betão de poço são geralmente de baixa resistência, inferior a 34,5 Mpa, e difíceis de obter uma qualidade consistente. A aplicação moderna do betão auto-adensável (SCC) está centrada no elevado desempenho. Qualidade melhor e mais fiável, textura de superfície densa e uniforme, maior durabilidade, elevada resistência e construção mais rápida.

DESENVOLVIMENTO DE MISTURAS SCC

Propriedades

1. Capacidade de preencher completamente formulários complexos e intrincados com o seu próprio peso.
2. Capacidade de atravessar e aderir a armaduras congestionadas com o seu próprio peso.
3. Alta resistência à segregação de agregados.

As misturas SCC são concebidas e testadas para satisfazer as exigências dos projectos. Por exemplo, a mistura para betão em massa foi concebida para bombear e depositar a uma taxa bastante elevada. O betão celular foi utilizado na construção das ancoragens da ponte suspensa Akashi - kaikyo.

O SCC foi misturado numa fábrica de lotes no local da obra e bombeado através de um sistema de tubagem para o local das ancoragens a 200 m de distância. O SCC foi lançado de uma altura de até 5m sem segregação de agregados. Para o betão em massa, a dimensão máxima dos agregados grossos pode ser de 50 mm. A construção com o SCC reduziu o tempo de construção das ancoragens de 2,5 anos para 2 anos. Do mesmo modo, as misturas SCC podem ser concebidas e colocadas com sucesso para elementos de betão com armaduras normais e congestionadas. A dimensão do agregado grosso para o betão armado varia geralmente entre 10 mm e 20 mm.

ESTUDO EXPERIMENTAL DO BETÃO AUTO-ADENSÁVEL
CAPÍTULO-I INTRODUÇÃO

1.1 GERAL

O betão auto-adensável (SCC) foi descrito como "o desenvolvimento mais revolucionário na construção em betão desde há várias décadas". Originalmente desenvolvido para compensar a crescente escassez de mão de obra qualificada, revelou-se economicamente vantajoso devido a uma série de factores, incluindo:

- Construção mais rápida
- Redução da mão de obra no local
- Melhores acabamentos de superfície
- Colocação mais fácil
- Maior durabilidade
- Maior liberdade de conceção
- Secções de betão mais finas
- Níveis de ruído reduzidos, ausência de vibrações
- Ambiente de trabalho seguro

Durante vários anos, a partir de 1983, o problema da durabilidade das estruturas de betão foi um tema de grande interesse no Japão. Para que as estruturas fossem duráveis, era necessária uma compactação suficiente por parte de trabalhadores qualificados. No entanto, a redução gradual do número de trabalhadores qualificados levou a uma redução semelhante na qualidade do trabalho de construção. Nessa altura, o Prof. Hajime Okamura, da Universidade de Tóquio, no Japão, quis resolver o problema da degradação da qualidade da construção e apresentou um novo betão, denominado betão auto-adensável, que se consolidava com o seu próprio peso. Este tipo de betão evitaria diretamente a necessidade de vibração externa, eliminando o problema da mão de obra não qualificada. Assim, o betão auto-adensável é definido como um betão altamente trabalhável que pode fluir através de elementos estruturais densamente reforçados ou geometricamente complexos sob o seu próprio peso para preencher adequadamente os vazios sem segregação ou sangramento excessivo e sem vibração. A principal vantagem do betão auto-adensável é encurtar o período de construção e assegurar a compactação nas estruturas, especialmente nas zonas confinadas onde a vibração e a compactação são difíceis.

1.2 DESENVOLVIMENTO DO SCC

O betão auto-adensável foi desenvolvido pelo Prof. Hajime Okamura do Japão em 1986, mas o protótipo foi desenvolvido pela primeira vez em 1988 no Japão pelo Professor Ozawa da Universidade de Tóquio. Atualmente, está espalhado por todos os países do mundo. Algumas estruturas notáveis que utilizaram betão auto-compactável são as seguintes

- Ponte Honshu-Shikoku: A maior ponte suspensa do mundo que liga duas das quatro principais ilhas do Japão. A SCC foi utilizada nos ancoradouros desta ponte.
- Projeto Oresund na Escandinávia: A SCC foi utilizada na autoestrada e na via-férrea que ligam a Dinamarca e a Suécia.
- O maior tanque de armazenamento de gás natural líquido (GNL) do mundo: 180 milhões de litros de GNL contidos num tanque criado com 12000 metros cúbicos de SCC
- Na Índia, a maior parte das estradas municipais de Chennai são feitas com SCC
- Em Andhra Pradesh, Lanco hills é concluída pela SCC

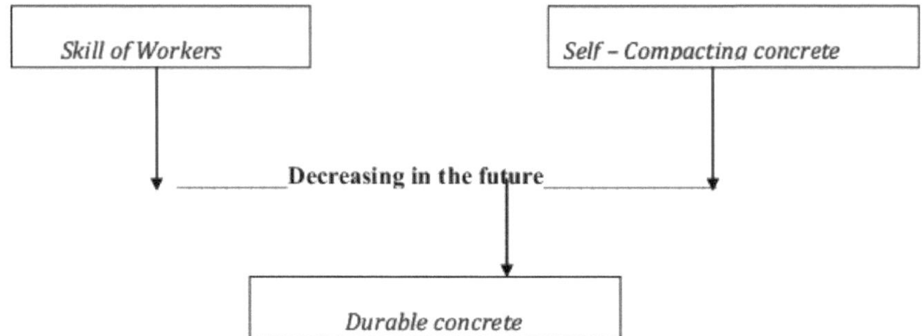

Figura 1.1 Necessidade do betão auto-adensável

A investigação, bem como as aplicações na construção, têm estado em curso com o SCC desde o seu desenvolvimento. O objetivo do betão auto-compactável é torná-lo um material de construção comum utilizado internacionalmente para criar estruturas duradouras e fiáveis. As propriedades mecânicas do SCC foram comparadas com as do betão convencional. Foi demonstrado que o módulo de elasticidade, a fluência e a retração do betão auto-adensável não diferem significativamente das propriedades correspondentes do betão convencional. Estes betões de compactação devem apresentar três características principais. Capacidade de escoamento, capacidade de passagem e resistência à segregação. O betão auto-compactável provocou uma mudança radical na indústria da construção. O betão auto-compactável também pode ser designado por betão de elevado desempenho. Aitcin et al definiram o betão de alto desempenho como um betão de elevada durabilidade com uma baixa relação água/cimento.

1.3 EFNARC

As especificações e orientações para o ensaio do betão fresco compactado contidas neste documento foram retiradas de "Specification and guidelines for Self-compacting concrete" publicado pela EFNARC em fevereiro de 2002. A EFNARC é a federação europeia dedicada aos produtos químicos especializados para a construção e aos sistemas de betão. Foi fundada em março de 1989 como a federação europeia de associações comerciais nacionais que representam os produtores e aplicadores de produtos de construção especializados. Desde então, o número de membros foi alargado e inclui atualmente muitas das principais empresas europeias que não têm associações comerciais nacionais para representar os seus interesses, quer a nível nacional quer a nível europeu. Os membros da EFNARC estão activos em todos os países da Europa. A especificação EFNARC define requisitos específicos para o material SCC, a sua composição e a sua aplicação. Os anexos também incluem uma grande quantidade de conselhos úteis para projectistas, fabricantes de betão, empreiteiros, autoridades de especificação e organizações de ensaio.

1.4 ADMIXTURES

O betão auto-adensável é atualmente considerado um betão de elevado desempenho, devido à sua qualidade, textura uniforme da superfície, permanência homogénea e maior durabilidade e rapidez na construção e obtenção de maior resistência. Para obter propriedades de engenharia e um bom desempenho, é necessária uma elevada qualidade do material de cimentação, aditivos minerais como cinzas volantes, sílica de fumo, GGBFS, pó de calcário e aditivos químicos como redutores de água (HRWR ou super plastificante) e aditivos modificadores de viscosidade (VMA). Requer betões com agregados limitados com teores de agregados de aproximadamente 59% em volume.

Para manter a quantidade de cimento a um nível razoável, os aditivos pozolânicos, como o pó, são frequentemente utilizados para produzir betão auto-adensável de elevado desempenho, a fim de melhorar a sua resistência, trabalhabilidade e durabilidade e também para reduzir o custo.

Os papéis destes aditivos são os seguintes

- Aumenta os produtos de hidratação e reduz a porosidade do betão.
- Preenche e fecha os poros ou ajusta o tipo de estrutura dos poros.
- Aumenta os produtos de hidratação, para além do efeito de enchimento do microagregado.
- Ajusta a classificação dos componentes para obter uma compactação óptima.
- Pode ajustar a coesão e reduzir o calor de hidratação e a taxa de reação
- Pode melhorar a trabalhabilidade.
- Pode melhorar a durabilidade e a resistência ao ataque químico e reduz as microfissuras e as zonas de transição.
- Oferecerá ao betão uma elevada resistência e um elevado desempenho.

As cinzas volantes, por vezes designadas por cinzas combustíveis pulverizadas, são o resíduo da combustão do carvão finamente moído utilizado na produção de energia eléctrica em centrais térmicas a carvão. As cinzas volantes começam por ser impurezas no carvão utilizado para alimentar as centrais eléctricas. Estas impurezas não podem ser queimadas. Derretem e transformam-se em pequenas partículas de vidro que são transportadas pela chaminé e capturadas. As cinzas volantes apresentam-se numa série de produtos químicos e classes diferentes, mas o mais importante é o tamanho das partículas. O tamanho médio das partículas das cinzas volantes é de cerca de 20 microns, o que é semelhante ao tamanho médio das partículas do cimento Portland. As partículas com menos de 10 microns proporcionam a resistência inicial necessária no betão, enquanto as partículas entre 10 e 45 microns reagem mais lentamente. Dependendo do teor de cal, as cinzas volantes são classificadas como cinzas volantes com baixo teor de cal (CaO< 10%) e cinzas volantes com alto teor de cal (CaO >10%). A cinza volante com baixo teor de cal corresponde à classe "C" e cinzas volantes com elevado teor de cal, correspondentes à classe "F" As propriedades das cinzas volantes são partículas esféricas ocas e vítreas, com um tamanho entre 1 e 150 microns de diâmetro, que também passam pelo peneiro de 45 microns. A gravidade específica das partículas de cinzas volantes varia entre 2,0 e 2,4, dependendo da fonte de carvão. A finura das cinzas volantes é tipicamente da ordem dos 250 a 600m^2 /kg. A sílica de fumo é um material pozolânico. É obtida como subproduto no fabrico de ligas de silício e ferrossilício a partir de quartzo de alta pureza e carvão num forno elétrico submerso. A sílica de fumo proporciona uma melhoria muito boa das propriedades reológicas, mecânicas e químicas. Deste modo, é possível melhorar a durabilidade do betão. A sílica de fumo pode ser adicionada de 5 a 10 % do peso do cimento no betão.

A adição de uma pequena percentagem de sílica de fumo, normalmente inferior a 10%, e de uma quantidade adequada de aditivo com elevado teor de redução de água (super plastificante) pode diminuir a viscosidade da pasta, reduzindo assim as necessidades de água e o risco de hemorragia. As pequenas partículas de sílica de fumo podem deslocar alguma da água presente entre as partículas de cimento floculadas e preencher alguns dos espaços vazios entre as partículas grossas, que de outra forma poderiam ser ocupados por alguma da água da mistura. Isto causa algum ganho na trabalhabilidade e densificação da pasta fresca.

Normalmente, as partículas de sílica de fumo são esféricas com tamanho médio de 0,1 mm e a sua sílica amorfa pode exceder 90% do total. Assim, a sílica de fumo é um dos aditivos mais comuns para a produção de betões de alta e super alta resistência. Os resultados mostraram que a resistência do betão foi melhorada em certa medida, mas a fluidez do betão diminuiu quando a sílica de fumo foi adulterada. As partículas dê sílica de fumo são finas e leves. É fácil de absorver na superfície de outras partículas e agregados. Quando o rácio água-ligante é baixo, as misturas são fáceis de formar estruturas floculantes. Em segundo lugar, o tempo de agitação é insuficiente. Em terceiro lugar, a sílica de fumo não é compatível com todos os super plastificantes. Tendo em conta o que precede e o elevado preço da sílica de fumo, é preferível utilizar cinzas volantes e escórias de alto-forno em vez de sílica de fumo para produzir betão auto-adensável. A gravidade específica da sílica de fumo é geralmente de 2,20, mas é ligeiramente superior quando o teor de sílica é inferior. A finura da sílica de fumo é de cerca de 20000 m^2 /kg, que é 13 a 20 vezes maior do que os outros materiais pozolónicos. A sílica de fumo é particularmente valorizada no fabrico de betão de auto-compactação de alto desempenho.

O betão auto-adensável incorpora frequentemente aditivos químicos, em particular um super plastificante e um aditivo modificador de viscosidade (VMA). É necessário que o betão auto-adensável tenha uma resistência suficientemente elevada e uma excelente durabilidade, para além de uma boa trabalhabilidade. Para obter estas propriedades, a relação água-ligante do betão auto-adensável deve ser tão baixa quanto possível.

A fluidez do betão pode melhorar até certo ponto através do aumento da quantidade de pasta de cimento e da regulação da proporção de areia, mas os efeitos são limitados. O super plastificante é adicionado para reduzir a necessidade de água da mistura. Os super plastificantes são, portanto, necessários para produzir betão auto-compactável.

Embora o teor de super plastificante seja muito baixo, os seus efeitos são distintos. As dosagens de super plastificante influenciam as propriedades do betão, como a fluidez e a resistência. Uma dosagem excessiva de super plastificante não só é antieconómica como também pode gerar efeitos nocivos, e uma dosagem demasiado baixa pode resultar numa fluidez e resistência demasiado baixas para a produção de betão auto-compactável.

O super plastificante é a chave para a produção de betão auto-adensável de alto desempenho. Assim, o seu tipo, dosagem e procedimento de adição têm efeitos muito importantes sobre as propriedades do betão.\

A utilização de agentes modificadores de viscosidade (VMA) oferece mais possibilidades de controlo da segregação quando a quantidade de pó é limitada. Esta mistura ajuda a proporcionar uma homogeneidade muito boa e reduz a tendência para a segregação. O VMA é incorporado para aumentar o valor de rendimento e a viscosidade da mistura fluida. Nalguns casos, adiciona-se uma pequena quantidade de micro-sílica, normalmente inferior a 10 %, para reduzir a dosagem de VMA.

1.5 MOTIVO PARA O DESENVOLVIMENTO DO SCC

O motivo para o desenvolvimento do betão auto-adensável foi o problema social da durabilidade das estruturas de betão que surgiu por volta de 1983 no Japão. Devido a uma redução gradual do número de trabalhadores qualificados na indústria da construção japonesa, verificou-se uma redução semelhante na quantidade de trabalhos de construção. Como resultado deste facto, uma solução para a obtenção de estruturas de betão duráveis, independentemente da qualidade do trabalho de construção, foi o emprego de betão auto-compactável, que poderia ser compactado em todos os cantos de uma cofragem, puramente através do seu próprio peso. Os estudos para desenvolver o betão auto-adensável, incluindo um estudo fundamental sobre a trabalhabilidade do betão, foram realizados pelos investigadores Ozawa e Maekawa na Universidade de Tóquio. Durante os seus estudos, descobriram que a principal causa do fraco desempenho em termos de durabilidade do betão japonês em estruturas era a consolidação inadequada do betão nas operações de moldagem. Ao desenvolverem um betão que se autoconsolida, eliminaram a principal causa do fraco desempenho em termos de durabilidade do betão. Em 1988, o conceito foi desenvolvido e estava pronto para os primeiros ensaios à escala real, ao mesmo tempo que o primeiro protótipo de betão auto-adensável foi concluído utilizando materiais já existentes no mercado. O protótipo teve um desempenho satisfatório no que respeita à retração de secagem e endurecimento, ao calor de hidratação, à densidade após endurecimento e às propriedades, tendo sido designado por Betão de Elevado Desempenho.

Quase ao mesmo tempo, o "betão de elevado desempenho" foi definido pelo professor Aictin como um betão com elevada durabilidade devido à baixa relação água-cimento. Desde então, o termo "betão de elevado desempenho" tem sido utilizado em todo o mundo para designar o betão de elevada durabilidade. Por conseguinte, Okamura alterou o termo do betão proposto para "betão auto-adensável de elevado desempenho".

1.6 DESENVOLVIMENTO DO SCC NA ÍNDIA

O desenvolvimento do betão auto-adensável (SCC) é considerado como o desenvolvimento mais procurado na indústria da construção devido aos seus numerosos benefícios herdados. Na Índia, esta tecnologia ainda não atingiu todo o seu potencial. O Central Road Research Institute (CRRI) de Nova Deli tem trabalhado na tecnologia SCC desde o ano 2000 e realizou um trabalho de investigação significativo sobre vários aspectos do SCC, desde a seleção de ingredientes adequados, incluindo super plastificante, agentes modificadores da viscosidade, aditivos minerais, otimização da proporção da mistura, avaliação das propriedades características na fase fresca e propriedades endurecidas, tais como resistência à compressão, resistência à tração por compressão e resistência à flexão. Além disso, a avaliação do desempenho in-situ do elemento estrutural moldado com SCC em comparação com o betão plastificado convencional de resistência semelhante, ou seja, 50MPa aos 28 dias, foi realizada utilizando métodos de ensaio semi-destrutivos e não destrutivos. O comportamento estrutural do SCC em vigas T fortemente reforçadas foi conduzido para estudar o padrão de fissuração, a deflexão e a capacidade de carga final.

Com base no custo de fabrico, o SCC é cerca de 20% mais caro do que o betão convencional de resistência à compressão semelhante, o que é compensado por vários benefícios da sua utilização, como a poupança de eletricidade. Poupança nos custos de mão de obra relacionados com o trabalho de compactação, aumento da produtividade, etc. A tecnologia SCC é considerada como uma técnica de conservação de energia na indústria da construção, uma vez que elimina a necessidade de eletricidade para a compactação do betão e proporciona uma ampla oportunidade para utilizar materiais derivados, tais como cinzas volantes, pó de pedreira, etc. Com um vasto conhecimento e experiência nesta tecnologia, o CRRI pode fornecer aconselhamento técnico e sugestões relacionadas com o fabrico de SCC.

1.7 SITUAÇÃO ACTUAL DO SCC A NÍVEL MUNDIAL

O betão auto-adensável já foi utilizado em vários países. No Japão, os grandes projectos de construção incluíram a utilização do betão auto-adensável no final da década de 90. Atualmente, no Japão, estão a ser feitos esforços para libertar o betão auto-adensável do rótulo de "betão especial" e integrá-lo na produção diária da indústria do betão. Atualmente, a percentagem de betão auto-adensável no produto anual de betão pronto (RMC), bem como de betão pré-fabricado (PC), no Japão é de cerca de 1,2% e 0,5% dos produtos de betão.

Nos Estados Unidos, a indústria da pré-fabricação está também a liderar a implementação da tecnologia SCC através do Instituto do Betão Pré-fabricado ou Pré-Esforçado (PCI), que realizou alguma investigação sobre a utilização de SCC em betões pré-fabricados ou pré-esforçados. Estima-se que a produção diária de SCC na indústria de betão pré-fabricado ou pré-esforçado nos Estados Unidos será de 8000 m^3 no primeiro trimestre de 2003 (cerca de 1% do betão pronto anual). Além disso, vários departamentos estaduais de transportes dos Estados Unidos (23, de acordo com um inquérito recente) já estão envolvidos no estudo do SCC. Com um nível de interesse tão elevado por parte da indústria da construção, bem como dos fabricantes deste novo betão, a utilização do SCC deverá crescer a um ritmo tremendo nos próximos anos nos Estados Unidos. No entanto, mesmo que seja feito a partir dos mesmos constituintes que a indústria utiliza há anos, todo o processo, desde a conceção da mistura até às práticas de colocação, incluindo os procedimentos de controlo de qualidade, tem de ser revisto e adaptado para que esta nova tecnologia possa ser aplicada com propriedade.

Atualmente, o betão auto-adensável está a ser estudado em todo o mundo, com trabalhos apresentados em quase todas as conferências relacionadas com o betão, mas até 2003 não existia um método de ensaio normalizado adotado por uma universidade para a avaliação do betão auto-adensável. Atualmente, a utilização do betão auto-adensável está a ser rapidamente adoptada em muitos países. A utilização de betão auto-compactável deverá ultrapassar os problemas de colocação do betão associados à indústria da construção em betão. No entanto, existe um risco na utilização do betão auto-adensável devido à falta de conhecimentos sobre os aspectos de durabilidade do betão auto-adensável. Assim, é necessário estudar as características de durabilidade do betão auto-adensável.

1.8 VANTAGENS DO BETÃO AUTO-ADENSÁVEL

As vantagens da SCC são

- Elimina o ruído provocado pelas vibrações.
- Proporciona uma elevada estabilidade durante o transporte e a colocação.
- Proporciona uma qualidade de superfície uniforme e homogénea.
- Permite um sangramento e assentamento limitados para reduzir a fissuração e os defeitos micro estruturais.
- Proporciona uma maior liberdade de conceção.
- É útil para a fundição de estruturas subaquáticas.

1.9 NECESSIDADE DO PRESENTE TRABALHO

- A principal propriedade que define o SCC é a elevada trabalhabilidade na obtenção da consolidação e das propriedades endurecidas especificadas. Antes de satisfazer as propriedades endurecidas, deve também satisfazer as propriedades frescas em termos de capacidade de enchimento, capacidade de passagem e resistência à segregação. A auto-compatibilidade é largamente afetada pelas características dos materiais e pelas proporções da mistura. Atualmente, não existe uma metodologia estabelecida para chegar às proporções da mistura.

- A resistência do SCC é fornecida pela ligação do agregado pela pasta no estado endurecido, enquanto a trabalhabilidade do SCC é fornecida pela pasta de ligação no estado fresco. Por conseguinte, os teores de agregados grossos e finos, ligantes, água de mistura e SP serão os principais factores que influenciam as propriedades do SCC.

- No método NanSu de conceção da mistura, o rácio de volume do agregado fino em relação ao total de agregados varia entre 50% e 58% para atingir as propriedades frescas do SCC. E, de acordo com as especificações da "EFNARC", o teor de agregado grosso varia normalmente entre 28% e 35% por volume de mistura para atingir as propriedades frescas do SCC.

• A necessidade do presente trabalho é encontrar o teor ótimo de agregado fino para o rácio de agregado total (i.e., 55, 56, 57, 58 percentagens) que satisfaça as propriedades frescas e também as propriedades endurecidas do SCC, mantendo constante o rácio água/pó.

1.10 OBJECTIVOS DO PRESENTE TRABALHO

O objetivo do presente inquérito é estudar

• Desenvolver betão auto-adensável para dois tipos de betão, ou seja, M40 e M60, com diferentes percentagens de rácios FA/TA, utilizando o método Nan Su de conceção de misturas, que satisfaça as propriedades no estado fresco do betão auto-adensável de acordo com as especificações da "EFNARC".

• Estudar a influência de várias percentagens de rácios FA/TA para dois tipos diferentes de betão, i.e., M40 e M60, nas propriedades no estado fresco do betão celular, que satisfaz as especificações "EFNARC".

• Estudar a influência de várias percentagens de agregado fino em relação aos rácios de agregado total para dois tipos diferentes de betão, ou seja, M40 e M60, nas propriedades mecânicas, tais como resistência à compressão, resistência à flexão e resistência à tração por fendilhação do betão.

1.11 ÂMBITO DO PRESENTE TRABALHO

No presente estudo, foram efectuados os seguintes estudos experimentais:

• Desenvolvimento de SCC para dois tipos de betão, ou seja, os tipos M40 e M60, utilizando o método Nan-Su de conceção de misturas, que satisfaz as propriedades frescas do SCC de acordo com as especificações "EFNARC".

• Estudar a influência de diferentes rácios de agregado fino para agregado total (ou seja, 55, 56, 57, 58 percentagens) em ambos os tipos de betão nas propriedades mecânicas, tais como resistência à compressão, resistência à tração por fendilhação e resistência à flexão para os tipos de betão M40 e M60.

• No total, foram moldados 144 espécimes. (ou seja, 48 cubos, 48 cilindros e 48 prismas)

1.12 RESUMO

Este capítulo apresenta a introdução da SCC e o seu desenvolvimento; inclui as vantagens da SCC, a necessidade do trabalho e o objetivo e âmbito do presente trabalho.

CAPÍTULO II

REVISÃO DA LITERATURA

2.1 GERAL

No início da década de 1990, o conhecimento público sobre a utilização do betão auto-adensável era limitado e, quando existia, era sobretudo em japonês. O primeiro artigo sobre betão auto-compactável foi apresentado por Ozawa na segunda conferência da Ásia Oriental e do Pacífico sobre engenharia estrutural e construção, em janeiro de 1989. Depois disso, o betão auto-compactável tornou-se um ponto de interesse para investigadores e engenheiros de todo o mundo interessados na durabilidade do betão e em sistemas de construção racionais. Em janeiro de 1997, foi formado o comité da RILEM sobre betão auto-compactável e o primeiro workshop internacional teve lugar em Kochi, Japão, em agosto de 1998. Uma vez que o objetivo da investigação é desenvolver e estudar as propriedades do betão auto-compactável de alta resistência e elevado desempenho, a revisão da literatura é feita neste sentido, como se descreve a seguir.

2.1.1 Trabalhos de investigação anteriores sobre o betão auto-adensável:

O betão auto-adensável alarga a possibilidade de utilização de vários subprodutos minerais no seu fabrico e aumenta o comportamento mecânico, medido pela resistência à compressão, à tração e ao corte. Por outro lado, a utilização de super plastificantes ou de redutores de água de alta gama melhora o endurecimento, o arrastamento indesejado do ar e a capacidade de escoamento do betão. Praticamente, todos os tipos de construções estruturais são abrangidos por este período, mas também garante a qualidade e a durabilidade do betão. Este betão não vibrado permite uma colocação mais rápida e menos tempo de acabamento. Com o objetivo de melhorar a produtividade, apresenta-se, de seguida, um resumo dos artigos e trabalhos encontrados na literatura sobre o betão auto-adensável e alguns dos projectos realizados com este tipo de betão.

2.1.2 Hajime Okamura:

Em 1986, Okamura iniciou um projeto de investigação sobre a capacidade de escoamento e a trabalhabilidade deste tipo especial de betão, mais tarde designado por betão auto-adensável. A auto-compactabilidade deste betão pode ser largamente afetada pelas características dos materiais e pelas proporções da mistura. No seu estudo, Okamura (1997) fixou o teor de agregado grosso em 50% do volume sólido e o teor de agregado fino em 40% do volume da argamassa, de modo a que a auto-compactabilidade pudesse ser facilmente alcançada ajustando apenas a relação água/cimento e a dosagem de super plastificante.

Um modelo de cofragem, composto por duas secções verticais (torres) em cada extremidade de uma calha horizontal, foi utilizado pelo professor Okamura para observar a capacidade de escoamento do betão auto-compactável através de obstáculos. As extremidades de pequenos tubos montados ao longo da calha horizontal foram utilizadas como obstáculos. O betão era colocado na torre da direita, atravessava os obstáculos e subia para a torre da esquerda.

Os obstáculos foram escolhidos para simular as zonas confinadas de uma estrutura real. O betão na torre da esquerda subiu quase até ao mesmo nível que na torre da direita. Foram realizadas experiências semelhantes deste tipo durante um período de cerca de um ano e verificou-se a aplicabilidade do betão auto-adensável em estruturas práticas. Esta investigação foi iniciada por sugestão do professor Kokubu (Okamura, 1997) da Universidade de Kobe, Japão, um dos conselheiros de Hajime Okamura. Pensaram que seria fácil criar este novo betão porque o betão subaquático anti-lavagem já era utilizado na prática. O betão subaquático anti-lavagem é moldado debaixo de água e a segregação é estritamente inibida pela adição de uma grande quantidade de um agente viscoso (mistura anti-lavagem), que impede que as partículas de cimento se dispersem na água circundante. No entanto, verificou-se que o betão subaquático anti-lavagem não era aplicável a estruturas ao ar livre por duas razões. Em primeiro lugar, as bolhas de ar aprisionadas não podiam ser eliminadas devido à elevada viscosidade e, em segundo lugar, a compactação nas áreas confinadas dos varões de reforço era difícil.

Assim, para a obtenção da auto-compactabilidade, era indispensável um super plastificante. Com um super plastificante, a pasta pode tornar-se mais fluida com uma pequena diminuição da viscosidade, em comparação com o efeito drástico da água, quando a coesão entre o agregado e a pasta é enfraquecida.

O rácio água-cimento foi fixado entre 0,4 e 0,6, dependendo das propriedades do cimento. A dosagem de super plastificante e a relação água-cimento final foram determinadas de forma a garantir a capacidade de auto-compactação, avaliada posteriormente através do ensaio do tipo U (Ouchi e Hibino, 2000) descrito.

Depois de Okamura ter iniciado a sua investigação em 1986, outros investigadores no Japão começaram a investigar o betão auto-adensável, procurando melhorar as suas características. Um deles foi Ozawa, que realizou algumas investigações independentemente de Okamura, no verão de 1988.

2.1.3 NanSuet al:

Propôs um método simples de conceção de misturas para o betão auto-adensável: a quantidade de agregados necessária é determinada e a pasta de ligantes é então preenchida nos vazios dos agregados para garantir que o betão assim obtido tem capacidade de escoamento, capacidade de auto-compactação e outras propriedades desejadas do betão auto-adensável. A quantidade de agregados, ligantes e água de amassadura, bem como o tipo e a dosagem do superplastificante (SP) a utilizar são os principais factores que influenciam as propriedades do betão celular. Foram efectuados ensaios de escoamento, de túnel em V, de escoamento em L, de caixa em U e de resistência à compressão para examinar o desempenho do SCC, e os resultados indicam que o método proposto pode produzir com êxito SCC de alta qualidade. O método envolvido determina o Fator de Empacotamento (FP) dos agregados e a sua influência na resistência. Capacidade de fluxo e capacidade de auto-compatibilidade.

2.1.4 KAZUMASA OZAWA (1988)

Conseguiu desenvolver pela primeira vez o betão auto-compactável. No ano seguinte, realizou-se uma experiência aberta sobre o novo tipo de betão na Universidade de Tóquio, com a participação de mais de 100 investigadores e engenheiros. Como resultado, iniciou-se uma investigação intensiva em muitos locais, especialmente nos institutos de investigação de grandes empresas de construção e na Universidade de Tóquio.

Ozawa realizou o primeiro protótipo de betão auto-compactável utilizando materiais já existentes no mercado. Utilizando diferentes tipos de super plastificantes, estudou a trabalhabilidade do betão e desenvolveu um betão que era muito trabalhável. Era adequado para uma colocação rápida e tinha uma grande permeabilidade. A viscosidade do betão foi medida utilizando o ensaio do funil em V. Outras experiências realizadas por Ozawa centraram-se na influência de aditivos minerais, como cinzas volantes e escórias de alto-forno, na capacidade de escoamento e na resistência à segregação do betão auto-adensável. Descobriu que a capacidade de escoamento do betão melhorava notavelmente quando o cimento Portland era parcialmente substituído por cinzas volantes e escória de alto-forno.

Depois de experimentar diferentes proporções de aditivos, concluiu que 10-20% de cinzas volantes e 25-45% de cimento de escória, em massa, apresentavam a melhor capacidade de escoamento e características de resistência.

2.1.5 Domone et al (1999):

Domone et al realizou uma investigação sobre o efeito nas propriedades no estado fresco da fase de argamassa do betão auto-adensável de quatro tipos diferentes de super plastificante e várias combinações de pó, incluindo cimento Portland, GGBS, cinzas volantes, micro-sílica e pó de pedra calcária. Concluiu que muitos dos parâmetros importantes que influenciam o desempenho do betão auto-adensável podem ser avaliados através de ensaios em argamassas. Isto inclui a comparação do desempenho de diferentes super plastificantes do efeito do tempo de adição do super plastificante durante o processo de mistura e a capacidade de trabalho e características de retenção de trabalhabilidade de misturas contendo misturas binárias de pós.

2.1.6 Gibbs et al (1999) efectuou um estudo sobre a resistência do betão auto-adensável endurecido.

• Em relação aos provetes padrão, houve pouca diferença entre a resistência à tração e à compressão do betão auto-adensável e do betão convencional.

• Em termos do comportamento esperado dos elementos à escala real construídos com betão auto-adensável, foram evidentes várias vantagens. Em primeiro lugar, o betão foi menos afetado negativamente pela falta de água. Em relação a este aspeto, a resistência à compressão do betão auto-compactado foi mais homogénea nas propriedades in situ do betão auto-compactado. Verificou-se uma maior macro-uniformidade em termos de variação vertical da resistência e da densidade, e também uma maior micro-uniformidade e menor variabilidade dentro de determinadas secções do betão.

2.1.7 Gram et al (1999)

Centrou a sua investigação nas propriedades do betão auto-adensável, especialmente na retração precoce e a longo prazo e na resistência ao gelo salino. O calor de hidratação do betão auto-compactável é maior e o tempo para atingir a libertação máxima de calor é mais curto em comparação com o betão normal. A retração plástica do betão auto-adensável é superior à do betão normal. O módulo de elasticidade à compressão do betão auto-adensável é comparável ao do betão normal e não reflecte a grande diferença na resistência à compressão. O coeficiente de expansão térmica do betão de cimento é excelente. O conteúdo de ar no SCC sem agentes de entrada de ar é mais elevado do que no betão normal.

2.1.8 A. Su, J.K. (7)

Nos seus estudos sobre o efeito da relação areia (volume de agregado fino/volume total de agregado) no módulo de elasticidade do betão celular: foram moldadas e ensaiadas várias misturas de betão celular com diferentes relações de areia e aditivos (S/A). O autor concluiu que a capacidade de escoamento aumentou com a razão S/A e que o módulo de elasticidade não foi significativamente afetado pela razão S/A quando o volume total de agregados foi mantido constante.

2.2 "EFNARC"- Especificações:

Para obter as propriedades do betão auto-adensável

• Relação água/pó em volume 0,80 a 1,10

(Pó: Material com partículas de dimensão inferior a 0,125 mm. Incluirá também este tamanho de fração da areia)

• Conteúdo total de pó (400-600kg) por metro cúbico.

• O teor de agregado grosso é normalmente de 28 % a 35 % em volume de mistura.

- O rácio água-cimento é selecionado com base nas necessidades, mas normalmente o teor de água excede os 200 litros/metros cúbicos.
- O teor de areia equilibra o volume dos outros constituintes.
- O C_{3A} não deve ser superior a 10% para uma boa trabalhabilidade.
- Teor típico de cimento 350-450kg/m3
- Os aditivos mais importantes são os super plastificantes que podem reduzir mais de 20% do teor de água necessário.

O quadro 2.1 Os ensaios sobre o SCC devem satisfazer estes resultados:

Imóveis	Teste	Principal - max	Menos de	Mais de	Recomendado
Enchimento capacidade	(Laboratório e campo) 1. Fluxo de abatimento 2. T_{50cm} slump 3. Funil em V 4. Orimet	650 - 800 mm 2 - 5 seg. 6 - 12 seg. 0 - 5 seg.	<650 também elevado <2 demasiado baixo <8 demasiado baixo	>750 demasiado baixo >5 demasiado elevado >12 demasiado elevado	650-800mm 2-5 seg. 8-12 seg. 0-5 seg
Passagem capacidade	(Laboratório) Caixa em L (h2/h1) U-Box Caixa de enchimento Anel J (campo)	0.8-1.0 0 - 30mm 900-100% 0-10mm	<0,8 demasiado elevado <0 falso resultado <90 demasiado elevado <10 segregação	>-1 falso resultado >30 alto Resultado >100%falso >10 demasiado baixo	0.8-1.0 30cm(máx) 90-100% 0-10mm
Segregação Resistência	GT m-Test V-funil @T5 min	0-15% 0-3sec	<5% elevado	>15% segregação >3 seg seg segregação	0-15% +3 seg.

2.3 RESUMO

Este capítulo apresenta um breve historial do betão auto-adensável. E este capítulo inclui os vários artigos técnicos sobre o betão auto-adensável.

CAPÍTULO III

PROGRAMA EXPERIMENTAL

3.1 GERAL

O programa experimental pode ser identificado em duas fases; primeiro, para desenvolver misturas SCC para os graus (M40 e M60) com diferentes percentagens de agregado fino para o rácio de agregado total, utilizando o método Nan Su de conceção de misturas, que satisfaça as propriedades frescas do SCC de acordo com as especificações "EFNARC".

Estudar a influência de várias percentagens de agregado fino em relação aos rácios de agregado total para dois tipos diferentes de betão, ou seja, M40 e M60, nas propriedades mecânicas, tais como resistência à compressão, resistência à flexão e resistência à tração por fendilhação do betão.

O programa experimental consistiu em chegar a proporções de mistura adequadas que satisfizessem as propriedades frescas do SCC de acordo com as especificações da "EFNARC". Foram moldados cubos padrão com dimensões de 150 mm x 150 mm x 150 mm para verificar se a resistência à compressão pretendida é atingida aos 7 e 28 dias de cura. Se as propriedades no estado fresco ou as propriedades de resistência não forem satisfeitas, a mistura é modificada em conformidade. Foram utilizados moldes de cubos padrão de (150x150x150mm) feitos de ferro fundido para fundir cubos padrão. Os moldes normalizados foram montados de modo a não existirem espaços entre as placas dos moldes. No caso de existirem pequenos espaços, estes foram preenchidos com gesso de pares. Os moldes foram então oleados e mantidos prontos para a fundição. Após 24 horas de moldagem, os espécimes foram desmoldados e transferidos para o tanque de cura, onde foram imersos em água durante o período de cura desejado.

3.2 MATERIAIS UTILIZADOS

Os diferentes materiais utilizados neste trabalho são

- 53 Cimento Portland corrente
- Agregado fino
- Agregado grosso
- Super plastificante (GLENIUM B233)
- Agente modificador de viscosidade VMA(Stream-2)
- Cinzas volantes
- Água

Este programa consiste na fundição e ensaio de um total de 144 espécimes. Os espécimes de cubos padrão (150 mm x 150 mm x 150 mm), cilindros padrão (150 mm de diâmetro x 300 mm de altura) e prismas padrão (100 mm x 100 mm x 500 mm) foram moldados durante 7 e 28 dias para a resistência à compressão, resistência à tração por rutura e resistência à flexão do betão.

MATERIAIS:

3.2.1 Cimento

Foi utilizado cimento Portland normal (cimento Ultra-tech) de 53 graus em conformidade com a norma IS: 12269. Os resultados dos ensaios do cimento são apresentados no quadro 3.1

Quadro 3.1 Propriedades físicas do cimento Portland normal

S.N.	Imóveis	Método de ensaio	Resultado do teste

1.	Consistência normal	Aparelho de Vicat	33%
2.	Gravidade específica	Frasco de gravidade específica	3.07
3.	Tempo de regulação inicial Tempo de regulação final	Aparelho de Vicat	50 min 180 min
4.	Finura	Ensaio de peneiração no peneiro n.º 9	9%

3.2.2 Agregado fino

Foi utilizada areia natural disponível localmente. A gravidade específica e os módulos de finura foram de 2,56 e 2,73, respetivamente. Os pormenores da análise granulométrica são apresentados no quadro 3.2. Verifica-se que a areia confirma a zona II, de acordo com a norma IS 383-1970.

3.2.3 Agregado grosso

Foram utilizadas lascas de pedra de granito triturada (angular) de 12 mm e tamanho máximo de 20 mm. A gravidade específica e o módulo de finura foram de 2,62 e 7,61, respetivamente. Os pormenores da análise granulométrica são apresentados na tabela 3.2

Quadro 3.2 Propriedades do agregado fino e do agregado grosso

S.N.	Imóveis	Método de ensaio	Resultados dos ensaios para o agregado fino	Resultados dos ensaios para o agregado grosso
1.	Gravidade específica	Picnómetro (IS 2386-1986 Parte-3)	2.56	2.62
2.	Densidade aparente i) Solta ii) Compactada	(IS 2386-1986 Parte 3)	1643 kg/m³ 1742 kg/m³	1470 kg/m³ 1560 kg/m³
3.	Módulo de finura	Análise granulométrica (IS 2386-1963 Parte 2)	2.73	7.61

Tabela 3.3 Análise granulométrica do agregado fino (peso da amostra 1000gms)

S.N.	Tamanho do peneiro IS	Peso retido, gms	Peso acumulado retido, gms	Percentagem acumulada de peso retido	Cumulativo % de aprovação
1	10 mm	0.00	0.00	0.00	100.00
2	4,75 mm	10.00	10.00	1.00	99.00
3	2,36 mm	46.50	56.50	4.65	94.35
4	1,18 mm	188.00	244.50	24.45	75.55
5	600ц	288.00	532.50	53.25	46.75
6	300ц	358.00	890.50	89.05	10.95
7	150ц	109.50	1000.00	100.00	0.00
				272.85	

Módulo de finura do agregado fino= 272,85/100 = 2,72

Tabela 3.4 Análise granulométrica do agregado grosso (peso da amostra 5000gms)

S.N.	Tamanho do peneiro IS	Peso retido, gms	Peso acumulado retido, gms	% acumulada de peso retido	Cumulativo % de aprovação

1	80 mm	0.00	0.00	0.00	100.00
2	40 mm	0.00	0.00	0.00	100.00
3	20 mm	3376.00	3376.00	67.52	32.48
4	10 mm	1385.00	4761.00	95.22	4.78
5	4,8 mm	169.00	4930.00	98.60	1.40
6	2,4 mm	70.00	5000.00	100.00	0.00
7	1,18 mm	0.00	5000.00	100.00	0.00
8	600 mm	0.00	5000.00	100.00	0.00
9	300 mm	0.00	5000.00	100.00	0.00
10	150 mm	0.00	5000.00	100.00	0.00
				761.34	

Módulo de finura do agregado grosso = 761,34/100 = 7,61

3.2.4 Super plastificante

Os aditivos redutores de água de alta gama, designados por super plastificantes, são utilizados para melhorar o fluxo ou a trabalhabilidade para diminuir a relação água-cimento sem sacrificar a resistência à compressão. Estes aditivos, quando se dispersam no cimento, diminuem significativamente a viscosidade da pasta, formando uma película fina à volta das partículas de cimento. No presente trabalho, o aditivo redutor de água Glenium B233, em conformidade com a norma ASTM C494 tipos F. EN934-2 T3.1/3.2, IS 9103: 1999 é utilizado. GLENIUM B233 é uma mistura de nova geração baseada em éter policarboxílico modificado. O produto foi desenvolvido principalmente para aplicação em betão de alto desempenho, onde é necessária a maior durabilidade e desempenho.

3.2.5 Agente modificador de viscosidade (VMA)

A utilização de uma mistura modificadora da viscosidade (VMA) permite controlar melhor a segregação quando a quantidade de pó é limitada. Esta mistura ajuda a obter uma homogeneidade muito boa e reduz a tendência para a segregação. No presente trabalho, é utilizado o **Stream2VMA**.

3.2.6 Cinzas volantes

As cinzas volantes utilizadas no inquérito foram obtidas na central térmica de Vijayawada (VTPS). Esta é recolhida do precipitador eletrostático. O teor de sílica da cinza volante foi estimado em cerca de 96%. A cinza volante que passa no peneiro 90p foi utilizada em toda a experiência. A gravidade específica da cinza volante foi de 1,95. A cinza volante utilizada neste estudo destinava-se basicamente a melhorar a trabalhabilidade e a coesão do betão.

Quadro 3.5 Propriedades químicas das cinzas volantes

S.N.	Características	Percentagem (%)
1	SiO2	52.28
2	Al2O3	23.22
3	Fe2O3	5.37
4	MgO	0.93
5	CaO	2.57
6	NaO	0.38
7	SO3	1.38
8	LOI	1.20

3.2.7 Água

A água portátil foi utilizada para a mistura e a cura.

3.3 CONCEPÇÃO DA MISTURA

Os métodos de dosagem da mistura do betão celular diferem dos métodos tradicionais, embora sejam igualmente empíricos. Além disso, no betão auto-adensável, a conceção é regida pelas propriedades do betão fresco. Os ingredientes do betão auto-adensável são semelhantes aos do betão plastificado. É constituído por cimento, agregado grosso, agregado fino e água, aditivos minerais e químicos. À semelhança do betão convencional, o betão auto-adensável também pode ser afetado pelas características físicas dos minerais e pela proporção da mistura. A proporção da mistura baseia-se na criação de um elevado grau de capacidade de fluxo, mantendo um baixo rácio água/materiais cimentícios, w/cm, (<0,40). Isto é conseguido utilizando uma gama elevada de aditivos redutores de água combinados com agentes estabilizadores para assegurar a homogeneidade da mistura. Existem vários métodos para otimizar as proporções da mistura de betão para betão auto-adensável

3.3.1 Procedimento de conceção da mistura pelo método Nan-Su

O principal objetivo do método proposto é encher a pasta de ligantes nos vazios da estrutura de agregados empilhados de forma solta. O peso unitário solto do agregado está de acordo com o procedimento de empilhamento da ASTM C29, exceto a descarga do agregado a uma altura de 30 cm acima do topo da medida. Normalmente, o rácio de volume do agregado é de cerca de 52-58%, por outras palavras, o vazio no agregado solto é de cerca de 42-48%, de acordo com a norma ASTM C29. A resistência do SCC é fornecida pela ligação do agregado pela pasta no estado endurecido, enquanto a trabalhabilidade do SCC é fornecida pela pasta de ligação no estado fresco. Por conseguinte, os teores de agregados grossos e finos, ligantes, água de mistura e SP serão os principais factores que influenciam as propriedades do SCC. Com o método proposto, basta selecionar os materiais qualificados, efetuar os cálculos, realizar ensaios de mistura e fazer alguns ajustes, e é possível obter um SCC com boa capacidade de escoamento e resistência à segregação, com capacidade de auto-compactação, conforme especificado pelo JSCE. Os procedimentos do método de conceção da mistura proposto podem ser resumidos nos seguintes passos.

Etapa 1: Cálculo dos teores de agregados grossos e finos

Quando os agregados grossos e finos secos à superfície são empilhados de forma solta, existe fricção e vazios entre eles. A lubrificação ocorre quando água e ligantes são adicionados aos agregados, tornando assim a pilha de agregados mais compacta. Normalmente, o rácio de volume do agregado após lubrificação e compactação no SCC é de cerca de 59-68%. Neste estudo, o fator de empacotamento (PF) do agregado é definido como o rácio da massa do agregado do estado firmemente empacotado no SCC em relação ao estado frouxamente empacotado. Claramente, o FP afecta o conteúdo dos agregados no SCC. Um valor mais elevado de PF implicaria uma maior quantidade de agregados grossos e finos utilizados, diminuindo assim o teor de ligantes no SCC. Consequentemente, a sua capacidade de escoamento, a capacidade de auto-compactação e a resistência à compressão serão reduzidas. Por outro lado, um valor baixo de PF significaria um aumento da retração a seco do betão. Como resultado, são necessários mais ligantes, aumentando assim o custo dos materiais. Além disso, o excesso de ligantes utilizados também afectaria a trabalhabilidade e a durabilidade do betão celular. Por conseguinte, é importante selecionar o valor ideal de PF no método de conceção da mistura, de modo a cumprir os requisitos das propriedades do betão celular e, ao mesmo tempo, ter em consideração a viabilidade económica. O valor de PF é retirado do gráfico apresentado na fig. 3.1

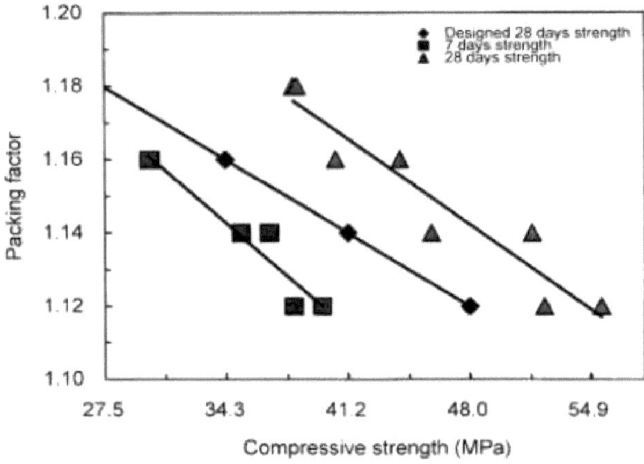

Fig 3.1 Efeito do fator de empacotamento do agregado na resistência à compressão do SCC

O teor de agregados finos e grossos pode ser calculado da seguinte forma 1 e 2:

> $Wg = PF \times WgL(1-S/a)$ ……….. (1)

> $Ws = PF \times WsL \times S/a$ ……….. (2)

em que w_g: teor de agregados grosseiros no SCC (kg/m^3); w_s: teor de agregados finos no SCC (kg/m^3); w_{gL}: massa volúmica unitária de agregados grosseiros saturados de superfície seca e solta no ar (kg/m^3); w_{sL}: massa volúmica unitária de agregados finos saturados de superfície seca e solta no ar (kg/m^3); PF: fator de empacotamento, a razão entre a massa de agregados do estado firmemente empacotado no SCC e a do estado frouxamente empacotado no ar; S/a: razão entre o volume de agregados finos e o total de agregados, que varia entre 50% e 58%.

A Sociedade Japonesa de Arquitetura especifica três categorias de tamanho máximo de agregado: 15, 20 e 25 mm. A dimensão mais comummente utilizada é a de 20 mm. Sugere-se também que o teor de agregados grossos seja de cerca de 50% do peso unitário embalado a seco (JIS A1104, ASTM C29). Uma vez que a temperatura de inverno no Japão é inferior a 0°C, a quantidade de ar necessária no betão é de cerca de 4,5%. Em contrapartida, Taiwan situa-se na região subtropical e não tem problemas de congelamento e descongelamento; por isso, o teor de ar no betão celular é de cerca de 1,5%, dependendo do método de construção, bem como do tipo e da dosagem de SP.

Etapa 2: Cálculo do teor de cimento

Para garantir uma boa capacidade de escoamento e resistência à segregação, o teor de ligantes (pó) não deve ser demasiado baixo. De acordo com o "Guia para a Construção de Betão de Elevada Fluidez", a quantidade mínima de cimento a utilizar para produzir betão normal e betão de elevada durabilidade é de 270 e 290 kg/m^3 , respetivamente. No entanto, a utilização de demasiado cimento aumentará a retração de secagem do betão de alta durabilidade. Geralmente, o HPC ou SCC utilizado em Taiwan fornece uma resistência à compressão de 20 psi (0,14 MPa)/kg de cimento. Por conseguinte, o teor de cimento a utilizar é a Eq 3:

> $C = f'c/20$ ....(3)

Onde C: teor de cimento (kg m^3);$f'c$: resistência à compressão projectada (psi).

Etapa 3: Cálculo do teor de água de amassadura necessário para o cimento

A relação entre a resistência à compressão e a relação água/cimento do SCC é semelhante à do betão normal. A relação água/cimento pode ser determinada de acordo com o ACI 318 ou outros métodos em estudos anteriores. O teor de água de amassadura requerido pelo cimento pode então ser obtido através da Eq. 4:

> $W = (W/C)C$ .... (4)

Em que W_{wc}: teor de água de amassadura requerido pelo cimento (kg/m^3); W/C: a relação água/cimento em peso, que pode ser determinada pela resistência à compressão.

Etapa 4: Cálculo dos teores de cinzas volantes (FA) e de escória granulada de alto-forno moída (GGFS)

São adicionadas grandes quantidades de materiais em pó ao SCC para aumentar a fluidez e facilitar a auto-compactação. No entanto, uma quantidade excessiva de cimento adicionada aumentará consideravelmente o custo dos materiais e a retração a seco. Além disso, a perda de abatimento seria maior e a sua resistência à compressão seria superior à exigida no projeto. Tendo em conta este facto, o método de conceção de misturas proposto utiliza o teor de cimento e a relação W/C adequados para satisfazer a resistência necessária. Para obter as propriedades necessárias, tais como a resistência à segregação, são utilizados o AF e o GGBS para aumentar o teor de ligantes. Quando os valores de fluxo (ASTM C230) das pastas de AF e GGBS são iguais aos da pasta de cimento e se W/F e W/S são os rácios de água/FA e água/GGBS em peso. Então, o volume da pasta FA (V_{Pf}) e da pasta GGBS (V_{PB}) pode ser calculado da seguinte forma:

$$V_{Pf} + V_{PB} = 1 - \frac{W_g}{1000 \times G_g} - \frac{W_s}{1000 \times G_s} - \frac{C}{1000 \times G_C} - \frac{W_{wc}}{1000 \times G_w} - V_a \quad (5)$$

Onde G_g: gravidade específica dos agregados grossos; G_s: gravidade específica dos agregados finos; G_c: gravidade específica do cimento; G_w: gravidade específica da água; V_a: teor de ar no SCC (%).

Se a quantidade total de materiais pozolânicos (GGBS e FA) no SCC for W_{pm} (kg/m^3), em que a percentagem de FA é $A\%$ e a percentagem de GGBS é $B\%$ em peso, o rácio adequado destes dois materiais pode ser definido de acordo com as propriedades dos materiais locais e a experiência anterior de engenharia

$$V_{Pf} + V_{PB} = \left(1 + \frac{W}{F}\right) \times A\% \times \frac{W_{pm}}{1000 \times G_f} + \left(1 + \frac{W}{S}\right) \times B\% \times \frac{W_{pm}}{1000 \times G_B} \quad (6)$$

Em que G_f, G_B, G_c, W/F e W/S podem ser obtidos a partir de ensaios, $A\%$ e $B\%$ são dados, e $V_{Pf} + V_{PB}$ podem ser obtidos a partir da Eq. (5). Por conseguinte, W_{pm} pode ser calculado utilizando a Eq. (6). Além disso, Wf (teor de FA no SCC, Kg/m^3) e WB (teor de GGBS no SCC, Kg/m^3) podem ser calculados ((7) e (8)),

> $Wf = A\% \times Wpm$ .... (7)

> $WB = G\% \times Wpm$ .... (8)

O teor de água de mistura necessário para a pasta de AF é a Eq.9:

➢ Wwf = (W/F)Wf   ....   (9)

O teor de água de mistura necessário para a pasta de GGBS é a Eq.10:

➢ WwB = (W/S) WB   ....   (10)

Etapa 5: Cálculo do teor de água de mistura necessário no SCC

O teor de água de mistura necessário para o SCC é a quantidade total de água necessária para o cimento, o AF e o GGBS na mistura. Por conseguinte, pode ser calculado da seguinte forma Eq.11:

➢ Ww = Wwc + Wwf +WwB   ....   (11)

De acordo com a Sociedade Japonesa de Arquitetura Ww: =160-185 kg/m^3 .

Etapa 6: Cálculo da dosagem de SP

A adição de uma dosagem adequada de SP pode melhorar a fluidez, a capacidade de auto-compactação e a resistência à segregação do SCC fresco para cumprir os requisitos do projeto. O conteúdo de água do SP pode ser considerado como parte da água de mistura. Se a dosagem de SP utilizada for igual a *n%* da quantidade de ligantes e o seu conteúdo sólido de SP for *m%*, então a dosagem pode ser obtida da seguinte forma (12) e (13):

Dosagem de SP utilizada

➢ WSP = n% (C+Wf +WB)   ....   (12)

Teor de água no SP

➢ WwSP = (1-m%) WSP   ....   (13)

Etapa 7: Ajustamento do teor de água de mistura necessário no SCC

De acordo com o teor de humidade dos agregados na fábrica de betão pronto ou no local de construção, a quantidade real de água utilizada para a mistura deve ser ajustada.

Etapa 8: Misturas de ensaio e ensaios sobre as propriedades SCC

As misturas de ensaio podem ser efectuadas utilizando os teores de materiais calculados como acima indicado. Em seguida, devem ser realizados testes de controlo de qualidade para o SCC para garantir que os seguintes requisitos são cumpridos.

1. Os resultados dos ensaios de caudal de escoamento, U-Box, L-flow e V-funnel devem estar em conformidade com as especificações do JAS.
2. O fenómeno de segregação dos materiais deve ser satisfatório.
3. O rácio água-aglutinante deve satisfazer os requisitos de durabilidade e resistência.
4. O teor de ar deve satisfazer os requisitos do projeto da mistura.

Etapa 9: Ajuste das proporções da mistura

Se os resultados dos ensaios de controlo de qualidade acima referidos não corresponderem ao desempenho exigido para o betão fresco, devem ser feitos ajustamentos até que todas as propriedades do SCC satisfaçam os requisitos especificados no projeto. Por exemplo, quando o betão fresco apresenta uma fraca capacidade de escoamento, o valor de PF é reduzido para aumentar o volume de ligante e melhorar a trabalhabilidade.

3.4 Moldagem e cura dos provetes

Foram moldados provetes de cubos padrão (150mm x 150mm x 150mm), prismas padrão (100mm x 100mm x 500mm) e cilindros padrão (150mm de diâmetro x 300mm de altura).

3.5 Mistura

Espalham-se quantidades medidas de agregado grosso e de agregado fino sobre um pavimento de betão impermeável. O cimento Portland ordinário seco foi espalhado sobre o agregado e misturado cuidadosamente no estado seco, virando a mistura várias vezes até se obter uma cor uniforme. O tempo de mistura deve ser de 10-15 minutos.

3.5.1 Colocação e compactação

Os moldes para cubos devem ter uma dimensão de 150 mm, em conformidade com a norma IS 10086-1982, os moldes para prismas devem estar em conformidade com a norma IS 10086-1982 e os moldes para cilindros estão limpos, tendo sido tomadas todas as precauções para evitar quaisquer dimensões irregulares. As juntas entre as secções do molde foram revestidas com óleo de molde e foi aplicada uma camada semelhante de óleo de molde entre as superfícies de contacto do fundo dos moldes e a placa de base, a fim de garantir que não há fuga de água durante o enchimento. As superfícies interiores dos moldes de montagem foram finamente revestidas com óleo de moldes para evitar a aderência do betão e para facilitar a remoção dos moldes após a moldagem. A mistura foi colocada nos moldes sem compactação.

3.5.2 Cura

Os cubos, prismas e cilindros dos provetes foram armazenados num local sem vibrações, ao ar livre, com 90% de humidade relativa e a uma temperatura de 27 ± 2 °C durante 24 horas$\pm$ '? hora a partir do momento da adição de água aos ingredientes secos. Após 24 horas, os espécimes foram desmoldados e imediatamente imersos em um tanque de água limpa e fresca por um período de 7 e 28 dias.

3.6 PROGRAMA DE TESTES:

(Especificações do ensaio inicial)

As propriedades das misturas frescas de betão auto-adensável (SCC) devem cumprir três propriedades fundamentais:

1. Capacidade de preencher completamente formulários complexos e intrincados com o seu próprio peso
2. Capacidade de atravessar e aderir a armaduras congestionadas com o seu próprio peso.
3. Elevada resistência à segregação dos agregados.

Devido ao elevado teor de pó, o SCC pode apresentar maior retração plástica ou fluência do que as misturas de betão normais. Estes aspectos devem, por conseguinte, ser tidos em conta durante a conceção e especificação das SCC. Os conhecimentos actuais sobre estes aspectos são limitados e esta é uma área que requer mais investigação. Também se deve ter um cuidado especial para começar a curar o betão o mais cedo possível.

A trabalhabilidade do SCC é superior à classe mais elevada de consistência descrita na norma EN 206 e pode ser caracterizada por propriedades como a capacidade de enchimento, a capacidade de passagem e a resistência à segregação

1) **Capacidade de enchimento**:   a) Ensaio de escoamento
b) T50cm slump c) V-funnel test d) Orimet.

2) **Aptidão de passagem**:   a) L - Caixa
b)   U - Caixa
c)   J - anel
d)   Caixa de enchimento

3) **Resistência à segregação**: a) Ensaio GTM
                    b) Funil em V @ T5 min

Quadro 3.6 Métodos de ensaio das propriedades de trabalhabilidade do SCC

S.NO	MÉTODO	PROPRIEDADE

1	Ensaio de escoamento	Capacidade de enchimento
2	T50 cm Caudal de abatimento	Capacidade de enchimento
3	Ensaio em funil em V	Capacidade de enchimento
4	Túnel em V a T5 minutos	Resistência à segregação
5	Ensaio L-Box	Capacidade de passe
6	Teste U-Box	Capacidade de passe
7	Ensaio do aparelho de caixa de enchimento	Capacidade de passe
8	Ensaio do anel em J	Capacidade de passe
9	Teste de Orimet	Capacidade de enchimento

Quadro 3.7 Critérios de aceitação das propriedades no estado fresco do betão auto-adensável de acordo com as especificações "EFNARC

S.NO.	Método	Unidade	Gama típica de valores	
			Mínimo	Máximo
1	Ensaio de escoamento	mm	650	800
2	T50 cm Caudal de abatimento	sec	2	5
3	Ensaio em funil em V	sec	6	12
4	Túnel em V a T5 minutos	sec	0	+3
5	Ensaio L-Box	H2/H1	0.8	1.0
6	Teste U-Box	(H2-H1) mm	0	30

3.7 ENSAIOS EM BETÃO FRESCO:

3.7.1 Ensaio de escoamento e ensaio T50cm:

3.7.1.1 Introdução

O fluxo de abatimento é utilizado para avaliar o fluxo livre horizontal do betão celular na ausência de obstruções. Foi desenvolvido pela primeira vez no Japão para ser utilizado na avaliação do betão subaquático. O método de ensaio baseia-se no método de ensaio para determinar o abatimento. O diâmetro do círculo de betão é uma medida da capacidade de enchimento do betão.

3.7.1.2 Avaliação do ensaio

Trata-se de um procedimento de ensaio simples e rápido, embora sejam necessárias duas pessoas para medir o tempo T50. Pode ser utilizado no local, embora a dimensão da placa de base seja um pouco pesada e seja essencial um terreno nivelado. É o teste mais commumente utilizado e dá uma boa avaliação da capacidade de enchimento. Não dá qualquer indicação sobre a capacidade do betão para passar entre as armaduras sem bloquear, mas pode dar alguma indicação sobre a resistência à segregação. Pode argumentar-se que o fluxo completamente livre, sem qualquer limitação, não é representativo do que acontece na prática na construção em betão, mas o ensaio pode ser utilizado de forma rentável para avaliar a consistência do fornecimento de betão pronto a um local, de carga para carga.

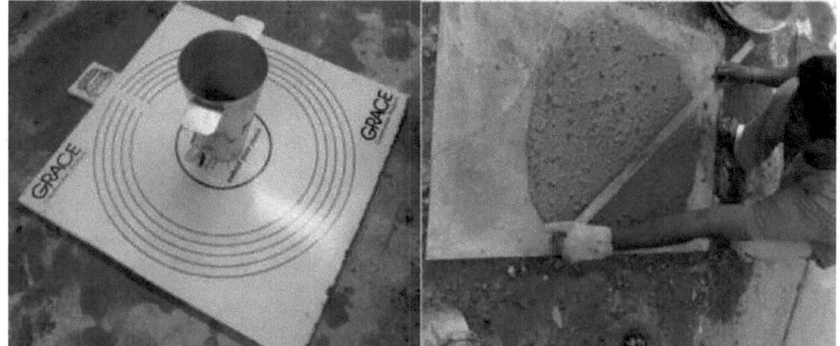
Fig 3.2 Equipamento de medição do caudal de abatimento e medição do caudal de abatimento

3.7.1.3 Equipamento

O aparelho é apresentado na figura

- Molde em forma de tronco de cone com as dimensões internas de 200 mm de diâmetro na base, 100 mm de diâmetro no topo e uma altura de 300 mm.
- Placa de base de um material rígido não absorvente, com um quadrado de pelo menos 900 x 900 mm, marcada com um círculo que assinala a localização central do cone de abatimento e um outro círculo concêntrico de 500 mm de diâmetro.
- Espátula
- Colher
- régua
- Cronómetro

3.7.1.4 Procedimento

> São necessários cerca de 6 litros de betão para realizar o ensaio, com uma amostragem normal. Humedecer a placa de base e o interior do cone de abatimento. Colocar a placa de base num solo estável e nivelado e o cone de abatimento centrado na placa de base e segurá-lo firmemente.

> Encher o cone com a pá. Não calcar, simplesmente bater o betão ao nível do topo do cone com a espátula.

> Remova qualquer excesso de betão à volta da base do cone.

> Levantar o cone verticalmente e deixar o betão sair livremente.

> Simultaneamente, inicie o cronómetro e registe o tempo necessário para o betão atingir o círculo de 500 mm. (Este é o tempo T50).

> Medir o diâmetro final do betão em duas direcções perpendiculares.

> Calcular a média dos dois diâmetros medidos. (Este é o caudal de queda em mm).

3.7.1.5 Interpretação dos resultados

Quanto maior for o valor do fluxo de abatimento (SF), maior será a sua capacidade de encher a cofragem com o seu próprio peso. É necessário um valor de pelo menos 650 mm para o SCC. Não existem recomendações geralmente aceites sobre o que são tolerâncias razoáveis em relação a um valor especificado, embora ± 50 mm, tal como no ensaio de mesa de fluxo relacionado, possa ser apropriado.

3.7.2 Ensaio em túnel em V e ensaio em túnel em V a T5 minutos:

3.7.2.1 Introdução

O ensaio foi desenvolvido no Japão e utilizado por Ozawa et al. O equipamento consiste num funil em forma de V, ilustrado na Fig. Um tipo alternativo de funil em V, o funil O, com uma secção circular, é também utilizado no Japão. O ensaio em V descrito é utilizado para determinar a capacidade de enchimento (capacidade de escoamento) do betão com uma dimensão máxima de agregado de 20 mm. O funil é enchido com cerca de 12 litros de betão e mede-se o tempo necessário para que este flua através do aparelho. Em seguida, enche-se novamente o funil com betão e deixa-se repousar durante 5 minutos. Se o betão apresentar segregação, o tempo de escoamento aumentará significativamente.

3.7.2.2 Avaliação do ensaio

Embora o ensaio seja concebido para medir a capacidade de escoamento, o resultado é afetado por outras propriedades do betão que não o escoamento. A forma de cone invertido fará com que qualquer responsabilidade do betão em bloquear se reflicta no resultado - se, por exemplo, houver demasiado agregado grosso. Um elevado tempo de escoamento pode também estar associado a uma baixa deformabilidade devido a uma elevada viscosidade da pasta e a uma elevada fricção entre partículas. Embora o aparelho seja simples, o efeito do ângulo do funil e o efeito da parede no fluxo do betão não são claros.

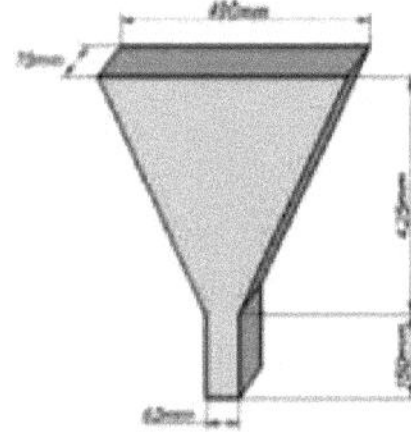

Fig 3.3 Equipamento do V-Funnel

3.7.2.3 Equipamento

- Funil em V

- Balde (12 ± 2 litros)
- Espátula
- Colher
- Cronómetro

3.7.2.4 Tempo de fluxo do procedimento

> São necessários cerca de 12 litros de betão para realizar o ensaio, com uma amostragem normal.

> Colocar o funil em V num terreno firme. Humedecer as superfícies interiores do funil Manter o alçapão aberto para permitir que a água excedente escorra. Feche o alçapão e coloque um balde por baixo.

> Encher completamente o aparelho com betão, sem compactar ou compactar, simplesmente eliminar o betão

> Nivelar com a parte superior utilizando uma talocha.

> Abrir no prazo de 10 segundos após o enchimento do alçapão e deixar sair o betão por gravidade.

> Iniciar o cronómetro quando o alçapão for aberto e registar o tempo necessário para que a descarga se complete (tempo de fluxo). Considera-se que este tempo é o momento em que a

luz é vista de cima através do funil.

> O teste completo tem de ser efectuado em 5 minutos.

3.7.2.5 Tempo de fluxo do procedimento em T5 minutos

> Não voltar a limpar ou humedecer as superfícies interiores do funil.

> Fechar o alçapão e voltar a encher o funil em V imediatamente após a medição do tempo de escoamento. Colocar um balde por baixo.

> Encher completamente o aparelho com betão, sem compactar nem bater, bastando para isso bater o betão ao nível do topo com a espátula.

> Abrir o alçapão 5 minutos após o segundo enchimento do funil e deixar sair o betão por gravidade.

> Ao mesmo tempo, iniciar o cronómetro quando se abre o alçapão e registar o tempo necessário para que a descarga se complete (tempo de escoamento em T 5 minutos). Considera-se que este é o momento em que a luz é vista de cima através do funil.

3.7.2.6 Interpretação dos resultados

Este ensaio mede a facilidade de escoamento do betão; tempos de escoamento mais curtos indicam uma maior capacidade de escoamento. No caso do betão celular, considera-se adequado um tempo de escoamento de 10 segundos. A forma de cone invertido restringe o fluxo, e tempos de fluxo prolongados podem dar alguma indicação da suscetibilidade da mistura ao bloqueio. Após 5 minutos de sedimentação, a segregação do betão mostrará um fluxo menos contínuo com um aumento do tempo de fluxo.

3.7.3 Método de ensaio da caixa em L:

3.7.3.1 Introdução

Este ensaio, baseado numa conceção japonesa de betão subaquático, foi descrito por Peterson, que avalia o fluxo do betão e também a medida em que este está sujeito a bloqueio por armaduras. O aparelho é apresentado na figura.

O aparelho é constituído por uma caixa de secção retangular em forma de "L", com uma secção vertical e uma secção horizontal, separadas por um portão móvel, à frente do qual são colocados comprimentos verticais de barras de reforço. A secção vertical é preenchida com betão e, em seguida, o portão é levantado para deixar o betão fluir para a secção horizontal. Quando o fluxo termina, a altura do betão no final da secção horizontal é expressa como uma proporção do que resta na secção vertical (H_2/H_1 no diagrama). Indica a inclinação do betão quando em repouso. É uma indicação da capacidade de passagem, ou seja, do grau de restrição da passagem do betão através das barras.

A secção horizontal da caixa pode ser marcada a 200 mm e 400 mm do portão e os tempos necessários para atingir estes pontos podem ser medidos. Estes tempos são designados por tempos T20 e T40 e constituem uma indicação da capacidade de enchimento.

As secções de varão podem ser de diferentes diâmetros e espaçadas a diferentes intervalos: de acordo com as considerações normais de armadura, 3x a dimensão máxima do agregado pode ser apropriada. As barras podem ser colocadas em qualquer espaçamento para impor um teste mais ou menos severo à capacidade de passagem do betão.

3.7.3.2 Avaliação do ensaio

Trata-se de um ensaio amplamente utilizado, adequado para laboratório e, eventualmente, para utilização no local. Avalia a capacidade de enchimento e de passagem do betão celular, podendo ser detectada visualmente uma grave falta de estabilidade (segregação). A segregação também pode ser detectada através da serragem e inspeção subsequentes de secções do betão na secção horizontal. Infelizmente, não há acordo sobre os materiais, as dimensões ou a disposição dos varões de reforço, pelo que é difícil comparar os resultados dos ensaios. Não há provas do efeito que a parede do aparelho e o consequente "efeito de parede" possam ter no fluxo de betão, mas esta disposição reproduz, em certa medida, o que acontece ao betão no local quando está confinado dentro da cofragem. São necessários dois operadores para medir os tempos e é inevitável um certo grau de erro do operador.

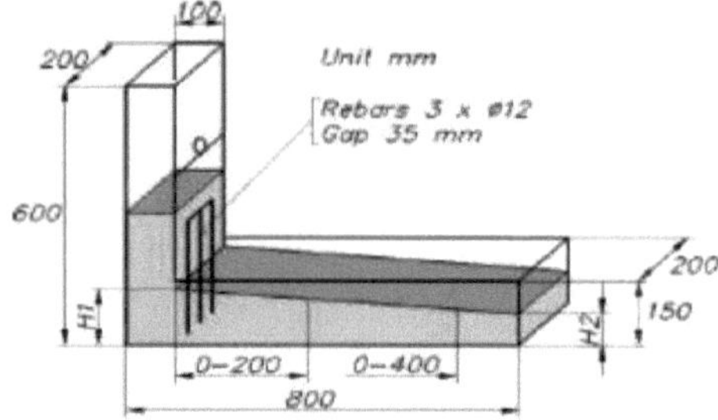

Fig 3.4 Equipamento da caixa em L

3.7.3.3 Equipamento
- Caixa em L de um material rígido não absorvente, ver figura
- Espátula
- Colher
- Cronómetro

3.7.3.4 Procedimento
> São necessários cerca de 14 litros de betão para realizar o ensaio, com uma amostragem normal.

> Colocar o aparelho ao nível do solo firme, certificar-se de que o portão de correr pode abrir-se livremente e depois fechá-lo.

> Humedecer as superfícies interiores do aparelho, retirar o excesso de água

> Encher a secção vertical do aparelho com a amostra de betão.

> Deixar repousar durante 1 minuto.

> Levante a porta deslizante e deixe o betão escorrer para a secção horizontal.

> Simultaneamente, ligar o cronómetro e registar os tempos necessários para que o betão atinja as marcas de 200 e 400 mm.

> Quando o betão deixa de fluir, as distâncias "H1" e "H2" são medidas. Calcular H2/H1, o rácio de bloqueio.

> O teste completo tem de ser efectuado em 5 minutos.

3.7.3.5 Interpretação dos resultados
Se o betão fluir tão livremente como a água, em repouso será horizontal, pelo que H2/H1 = 1. Por conseguinte, quanto mais próximo este valor de ensaio, o "rácio de bloqueio", estiver da unidade, melhor será o fluxo do betão. A equipa de investigação da UE sugeriu um valor mínimo aceitável de 0,8. Os tempos T20 e T40 podem dar algumas indicações sobre a facilidade de escoamento, mas não se chegou a um consenso geral sobre os valores adequados. A obstrução óbvia do agregado grosso atrás dos varões de reforço pode ser detectada visualmente.

3.7.4 Método de ensaio da caixa em U:

3.7.4.1 Introdução

O ensaio foi desenvolvido pelo Centro de Investigação Tecnológica da Taisei Corporation, no Japão. Por vezes, o aparelho é designado por ensaio "em forma de caixa". O ensaio é utilizado para medir a capacidade de enchimento do betão auto-adensável. O aparelho é constituído por um recipiente dividido por uma parede intermédia em dois compartimentos, representados por R1 e R2 na Fig. Entre as duas secções existe uma abertura com uma porta deslizante. Os varões de reforço com diâmetros nominais de 13 mm são instalados no portão com um espaçamento entre centros de 50 mm. Isto cria um espaçamento livre de 35 mm entre os varões. A secção da esquerda é preenchida com cerca de 20 litros de betão e, em seguida, o portão é levantado e o betão flui para a outra secção. A altura do betão em ambas as secções é medida.

3.7.4.2 Avaliação do ensaio

Trata-se de um ensaio simples de efetuar, mas o equipamento pode ser difícil de construir. Fornece uma boa avaliação direta da capacidade de enchimento - isto é literalmente o que o betão tem de fazer - modificada por um requisito não medido de capacidade de passagem. A distância de 35 mm entre as secções de armadura pode ser considerada demasiado estreita. Fica em aberto a questão de saber qual a altura de enchimento inferior a 30 cm que ainda é aceitável.

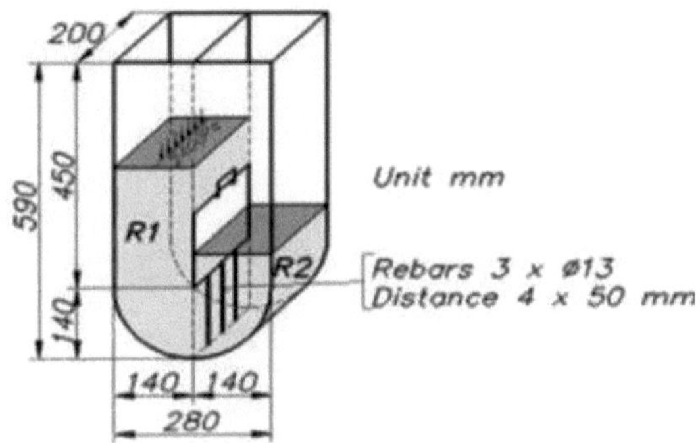

Fig 3.5 Equipamento U-box

3.7.4.3 Equipamento

- Caixa em U de um material rígido e não absorvente, ver figura
- Espátula
- Colher
- Cronómetro

3.7.4.4 Procedimento

> São necessários cerca de 20 litros de betão para realizar o ensaio, com uma amostragem normal.

> Colocar o aparelho ao nível do solo firme, certificar-se de que o portão de correr pode abrir-se livremente e depois fechá-lo.

> Humedecer as superfícies interiores do aparelho, retirar o excesso de água.

> Encher um compartimento do aparelho com a amostra de betão.

> Deixar repousar durante 1 minuto.

> Levante a porta deslizante e deixe o betão escorrer para o outro compartimento.

> Após o repouso do betão, medir a altura do betão no compartimento que foi preenchido, em dois locais e calcular a média (H1).

> Medir também a altura no outro compartimento (H2) Calcular H1- H2, a altura de enchimento.

> O teste completo tem de ser efectuado em 5 minutos.

3.7.4.5 Interpretação dos resultados

Se o betão fluir tão livremente como a água, em repouso será horizontal, pelo que H1 - H2 = 0. Por conseguinte, quanto mais próximo este valor de ensaio, a "altura de enchimento", estiver de zero, melhor será o fluxo e a capacidade de passagem do betão.

3.8 ENSAIOS EM BETÃO ENDURECIDO:

3.8.1 Determinação da resistência à compressão

Por definição, a resistência à compressão de um material é o valor da tensão de compressão uniaxial atingida quando o material falha completamente. A resistência à compressão é normalmente obtida experimentalmente através de um ensaio de compressão. O ensaio de compressão em cubos foi efectuado de acordo com o procedimento indicado na IS: 516-1959. Nos processos de cura, os cubos são mantidos debaixo de água durante 28 dias.

A superfície de apoio da máquina deve ser limpa e qualquer areia solta ou outro material deve ser removido da superfície do provete; coloca-se o provete na máquina com uma capacidade de 2000KN. A carga foi aplicada a uma taxa de aproximadamente 140 kg/cm2/min até que a resistência do provete à carga crescente possa ser mantida, a resistência à compressão do provete foi calculada dividindo a carga máxima aplicada ao provete durante o ensaio pela área da secção transversal do provete. Para o qual foi observada a média de três valores de três cubos e a variação individual é superior a ±15% da média. Os resultados do ensaio são apresentados na tabela.

A carga máxima aplicada ao provete foi registada. Os pormenores de um provete de cubo em ensaio são apresentados na Fig

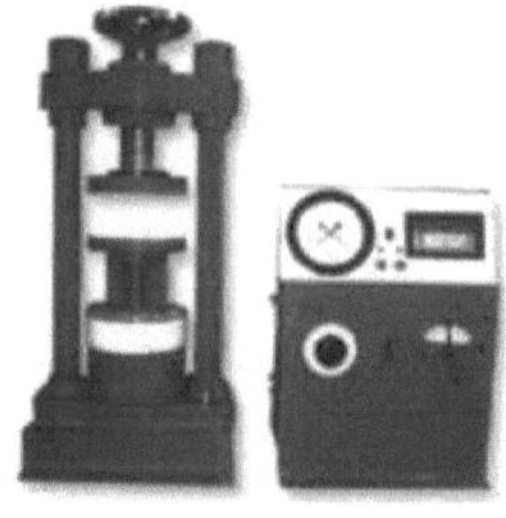

Figura 3.6 Equipamento de ensaio de compressão

3.8.2 Ensaio de resistência à tração por compressão do betão

Imediatamente após a remoção dos provetes cilíndricos mantidos na superfície, a água e a areia devem ser removidas das superfícies que devem estar em contacto com as tiras de embalagem e as superfícies de apoio da máquina de ensaio devem ser limpas.

O provete cilíndrico foi colocado horizontalmente na centragem com uma embalagem (tira de madeira) ou peças de carga cuidadosamente posicionadas ao longo da parte superior e inferior do plano de carga do provete. As peças de madeira foram colocadas no topo do cilindro e na base do cilindro, de modo a que o provete ficasse centrado, sendo todas estas disposições mostradas na figura. A carga foi aplicada sem choque e aumentada continuamente a uma taxa normal com a variação de 1,2N/mm^2 /min a 2,4N/mm^2 /min até à rotura do provete. A carga máxima aplicada foi registada no momento da rotura e foi observado o aspeto do betão e as características não utilizadas no tipo de rotura. Os resultados dos ensaios são apresentados na tabela.

Em seguida, a resistência à tração por rutura do provete foi calculada utilizando a seguinte fórmula

$$f_{ct} = \frac{2P}{\pi \times L \times D}$$

Onde, P = Carga máxima em Newton aplicada ao provete.

L = comprimento do provete em mm.

D= Dimensão da secção transversal do provete em mm.

3.8.3 Ensaio de resistência à flexão do betão

Os provetes de prisma foram retirados do tanque de água nos dias 7th e 28th e colocados durante 10 minutos para limpar a água da superfície. As dimensões de cada provete foram anotadas antes do ensaio. O provete de ensaio foi marcado para a carga do terceiro ponto, como se mostra na figura. Antes de colocar o provete na máquina de ensaio, as superfícies de apoio dos rolos de suporte e de carga foram limpas e qualquer areia solta ou outro material foi removido das superfícies do provete.

O provete foi colocado na máquina de modo a que a carga fosse aplicada na superfície superior, tal como foi moldada no molde, ao longo de duas linhas espaçadas de 13,33 cm. O eixo do provete foi cuidadosamente alinhado com o eixo do dispositivo de carga. A carga foi aplicada através de dois rolos de aço semelhantes, com 38 mm de diâmetro, montados nos terceiros pontos do vão de suporte que está espaçado a 13,33 cm de centro a centro. Esta disposição foi apresentada em placa. A carga foi aplicada sem choque e aumentada continuamente a uma taxa de 180kg/min até o espécime falhar. Foi anotado o aparecimento das faces fracturadas do betão e as características não utilizadas no tipo de falha. Os resultados do ensaio são apresentados na tabela.

A resistência à flexão do provete é expressa como o módulo de rutura "fb"

(1) Se a>13,33cm

$$f_b = (p \times l)/(b \times d)^2$$

(2) Se a<13,33cm

Mas a>11.0cm$f_b = (3 \times p \times a)/(b \times d)^2$

Onde, b = largura medida em cm do provete

d = profundidade medida em cm do provete no ponto de rotura.

l = comprimento em cm do vão sobre o qual se encontra o provete, e

p = carga máxima em kg aplicada ao provete.

Se a<11,0cm, os resultados do teste foram descartados.

3.9 RESUMO

Este programa experimental inclui o procedimento de vários ensaios de betão fresco e de betão endurecido e a conceção de misturas pelo método Nan Su.

CAPÍTULO IV

RESULTADOS E DEBATES
4.1 GERAL

Os resultados obtidos a partir da investigação experimental para estudar a influência de várias percentagens de agregados finos em relação aos rácios de agregados totais utilizando o método Nan-Su de conceção de misturas que satisfazem as propriedades frescas de SCC de acordo com as especificações "EFNARC" para dois tipos diferentes de betão, ou seja, M40 e M60, nas propriedades mecânicas, tais como resistência à compressão, resistência à flexão e resistência à tração por compressão do betão.

Depois de curar os espécimes em água durante 7 e 28 dias, os espécimes foram testados quanto à resistência e os valores dos espécimes foram obtidos.

Os pormenores das proporções da mistura do traço da relação FA/TA, os resultados das propriedades no estado fresco e os resultados dos ensaios de resistência à compressão (classes M40 e M60), resistência à tração por fendilhamento e resistência à flexão são apresentados em tabelas.

Os gráficos que mostram a variação da resistência à compressão, da resistência à tração por rutura e da resistência à flexão com diferentes percentagens de agregado fino em relação ao agregado total são apresentados no Anexo I. Os cálculos do método de conceção da mistura "Nan Su" são apresentados no Anexo-II.

4.2 DEBATES SOBRE OS RESULTADOS DOS ENSAIOS

As discussões aqui apresentadas baseiam-se nos resultados apresentados nos quadros 4.9 a 4.14 e nas figuras 4.1 a 4.14.

• As proporções das misturas para os graus M40 e M60 de betão auto-adensável foram desenvolvidas utilizando o método Nan Su de conceção de misturas, que satisfazem as propriedades no estado fresco do betão auto-adensável de acordo com as especificações da "EFNARC".

• As propriedades frescas do SCC foram satisfeitas quando 40% de 20mm e 60% de 12mm de tamanho de agregados grosseiros foram usados.

• À medida que o rácio entre o agregado fino e o agregado total aumenta de 55 para 58%, as propriedades no estado fresco (i.e., capacidade de enchimento, capacidade de passagem e resistência à segregação) foram satisfeitas de acordo com as especificações da "EFNARC".

• Para ambos os tipos de betão (i.e., M40 e M60), a partir dos quadros 4.13 e 4.14, e das figuras 4.7 e 4.10, observa-se que a resistência à compressão do betão aumenta com o aumento da relação FA/TA até 57%, e com o aumento da relação, i.e., 58%, a resistência à compressão para ambos os tipos de betão diminui.

• Além disso, a partir das tabelas 4.13 e 4.14, observa-se que a resistência à compressão do betão aumenta 4,96% para o betão de tipo M40 e 4,74% para o betão de tipo M60, quando a relação FA/TA é aumentada de 55 para 57%. E a resistência à compressão do betão diminui 4,89% para o betão de tipo M40 e 4,22% para o betão de tipo M60, quando a relação AF/AT aumenta de 57 para 58%.

• Para ambos os tipos de betão (i.e., M40 e M60), a partir dos quadros 4.13 e 4.14, e das figuras 4.8 e 4.11, observa-se que a resistência à tração por compressão do betão aumenta com o aumento da relação FA/TA até 57%, e com o aumento da relação, i.e., 58%, a resistência à tração por compressão para ambos os tipos de betão diminui.

• Além disso, a partir das tabelas 4.13 e 4.14, observa-se que a resistência à tração por compressão do betão aumenta 12,79% para o betão do tipo M40 e 8,30% para o betão do tipo M60, quando a relação FA/TA é aumentada de 55 para 57%. E a resistência à rutura por tração do betão diminui 10,71% para o betão de tipo M40 e 9,25% para o betão de tipo M60, quando o rácio FA/TA foi aumentado de 57 para 58%.

• Para ambos os tipos de betão (i.e., M40 e M60), a partir dos quadros 4.13 e 4.14 e das figuras 4.9 e 4.12, observa-se que a resistência à flexão do betão aumenta com o aumento do rácio FA/TA até 57%, mas com o aumento do rácio, i.e., 58%, a resistência à flexão para ambos os tipos de betão diminui.

• Além disso, a partir das tabelas 4.13 e 4.14, observa-se que a resistência à flexão do betão aumenta em 16,50% para o betão do tipo M40 e em 15,10% para o betão do tipo M60, quando a relação FA/TA é aumentada de 55 para 57%. E a resistência à flexão do betão diminui 16,10% para o betão do tipo M40 e 14,70% para o betão do tipo M60, quando a relação AF/AT aumenta de 57 para 58%.

• As propriedades mecânicas do SCC não são significativamente afectadas pelo aumento da relação entre o agregado fino e o agregado total até 57%, mas diminuíram quando a relação foi aumentada para 58%.

4.3 RESUMO

Neste capítulo, são apresentados os resultados e as discussões. Com base nas discussões apresentadas neste capítulo, são apresentadas as conclusões no capítulo seguinte.

CAPÍTULO V

CONCLUSÕES

5.1 GENERALIDADES

Após a análise dos resultados do programa experimental, chegaram as seguintes conclusões.

- As proporções das misturas para os graus M40 e M60 de betão auto-adensável foram desenvolvidas utilizando o método Nan Su de conceção de misturas, que satisfazia as propriedades no estado fresco do betão auto-adensável de acordo com as especificações da "EFNARC".

- As propriedades frescas do SCC foram satisfeitas quando 40% de 20mm e 60% de 12mm de tamanho de agregados grosseiros foram usados.

- À medida que o rácio entre o agregado fino e o agregado total aumenta de 55 para 58%, as propriedades no estado fresco (i.e., capacidade de enchimento, capacidade de passagem e resistência à segregação) foram satisfeitas de acordo com as especificações da "EFNARC".

- Para ambos os tipos de betão (ou seja, M40 e M60), a resistência à compressão, a resistência à tração por compressão e a resistência à flexão do betão aumentam com o aumento do rácio FA/TA até 57%, mas com um aumento adicional do rácio, ou seja, 58%, a resistência à compressão, a resistência à tração por compressão e a resistência à flexão para ambos os tipos de betão diminuem.

- A resistência à compressão do betão aumentou 4,96% para o betão de tipo M40 e 4,74% para o betão de tipo M60, quando a relação FA/TA foi aumentada de 55% para 57%.

- A resistência à compressão do betão diminuiu 4,89% para o betão do tipo M40 e 4,22% para o betão do tipo M60, quando a relação FA/TA foi aumentada de 57% para 58%.

A resistência à tração por compressão do betão aumentou 12,79% para o betão de tipo M40 e 8,30% para o betão de tipo M60, quando a relação FA/TA foi aumentada de 55% para 57%.

- A resistência à tração por compressão do betão diminuiu 10,71% para o betão de tipo M40 e 9,25% para o betão de tipo M60, quando a relação FA/TA foi aumentada de 57% para 58%.

- A resistência à flexão do betão aumenta em 16,50% para o betão do tipo M40 e em 15,10% para o betão do tipo M60, quando a relação FA/TA é aumentada de 55% para 57%.

- A resistência à flexão do betão diminuiu 16,10% para o betão do tipo M40 e 14,70% para o betão do tipo M60, quando a relação FA/TA foi aumentada de 57% para 58%.

- As propriedades mecânicas do SCC não são significativamente afectadas pelo aumento da relação entre o agregado fino e o agregado total até 57%, mas diminuíram quando a relação foi aumentada para 58%.

5.2 ÂMBITO DOS TRABALHOS FUTUROS

- Podem ser investigadas as propriedades estruturais, as características de contração e as características de fluência do SCC.

- Podem ser efectuados estudos de durabilidade do SCC.

ANEXO I

Quadro 4.1 Misturas de ensaio do M40-GRADE (FA/TA=55%)

Mistura de ensaios	Grau	Cimento	Cinzas volantes	FA	CA	Água	SP	VMA	Água /powder	Resultados do betão fresco
T1	M40	344.64	3.89	1055.59	744.12	188.53	1.87	0.40	0.54	Não satisfeito
T2	M40	344.64	4.68	1171.95	750.01	188.86	2.08	0.45	0.54	Não satisfeito
T3	M40	344.64	4.89	1193.03	764.71	188.92	5.83	0.55	0.54	Não satisfeito
T4	**M40**	**345**	**3.70**	**1016**	**745**	**189.13**	**3.48**	**0.87**	**0.54**	**Satisfeito**

Quadro 4.2 Misturas de ensaio do M40-GRADE (FA/TA=56%)

Mistura de ensaios	Grau	Cimento	Cinzas volantes	FA	CA	Água	SP	VMA	Água /powder	Resultados do betão fresco
T1	M40	344.64	3.36	1029.95	726.71	188.51	1.87	0.45	0.54	Não satisfeito
T2	M40	344.64	4.68	1055.59	744.12	188.70	2.08	0.50	0.54	Não satisfeito
T3	M40	344.64	4.86	1151.03	748.01	188.75	5.62	0.66	0.54	Não satisfeito
T4	**M40**	**345**	**2.34**	**1034.05**	**727.58**	**188.53**	**3.46**	**0.86**	**0.54**	**Satisfeito**

Quadro 4.3 Misturas de ensaio do M40-GRADE (FA/TA=57%)

Mistura de ensaios	Grau	Cimento	Cinzas volantes	FA	CA	Água	SP	VMA	Água /powder	Resultados do betão fresco
T1	M40	344.64	2.84	1034.59	724.12	187.65	1.83	0.50	0.54	Não satisfeito
T2	M40	344.64	2.97	1093.03	729.08	187.72	2.01	0.62	0.54	Não satisfeito
T3	M40	344.64	3.12	1105.95	764.71	187.80	5.33	0.76	0.54	Não satisfeito
T4	**M40**	**345**	**0.98**	**1052.51**	**711.04**	**187.92**	**3.46**	**0.86**	**0.54**	**Satisfeito**

Quadro 4.4 Misturas de ensaio do M40-GRADE (FA/TA=58%)

Mistura de ensaios	Grau	Cimento	Cinzas volantes	FA	CA	Água	SP	VMA	Água /powder	Resultados do betão fresco
T1	M40	344.64	2.87	1034.59	724.12	187.68	2.29	0.50	0.54	Não satisfeito
T2	M40	344.64	2.98	1092.03	727.08	187.75	2.51	0.58	0.54	Não satisfeito
T3	M40	344.64	3.64	1105.95	744.71	188.10	4.83	0.65	0.54	Não satisfeito
T4	**M40**	**345**	**0.68**	**1070.98**	**694.51**	**187.91**	**3.45**	**0.86**	**0.54**	**Satisfeito**

Quadro 4.5 Misturas de ensaio de M60-GRADE (FA/TA=55%)

Mistura de ensaios	Grau	Cimento	Cinzas volantes	FA	CA	Água	SP	VMA	Água/ pó	Resultados do betão fresco
T1	M60	450.00	4.83	1090.55	729.32	268.40	2.10	0.75	0.59	Não satisfeito
T2	M60	475.00	5.10	1140.23	732.54	283.35	2.50	0.88	0.59	Não satisfeito
T3	M60	483.00	5.37	1153.21	739.08	288.50	3.38	0.97	0.59	Não satisfeito

T4	M60	487.50	9.75	1015.59	744.12	293.91	4.97	1.24	0.59	Satisfeito

Quadro 4.6 Misturas de ensaio de M60-GRADE (FA/TA=56%)

Mistura de ensaios	Grau	Cimento	Cinzas volantes	FA	CA	Água	SP	VMA	Água /powder	Resultados do betão fresco
T1	M60	450.00	4.95	1024.23	706.49	268.59	2.51	0.70	0.59	Não satisfeito
T2	M60	475.00	5.23	1072.55	739.86	283.45	2.65	0.85	0.59	Não satisfeito
T3	M60	483.00	5.05	1145.21	749.61	288.10	3.85	0.95	0.59	Não satisfeito
T4	**M60**	**487.50**	**9.75**	**1034.05**	**727.58**	**293.90**	**4.97**	**1.24**	**0.59**	**Satisfeito**

Quadro 4.7 **Misturas de ensaio de M60-GRADE (FA/TA=57%)**

Mistura de ensaios	Grau	Cimento	Cinzas volantes	FA	CA	Água	SP	VMA	Água /powder	Resultados do betão fresco
T1	M60	450.00	4.83	1096.45	704.08	268.50	2.05	0.75	0.59	Não satisfeito
T2	M60	475.00	5.11	1108.39	721.54	283.45	2.50	0.88	0.59	Não satisfeito
T3	M60	483.00	4.95	1123.73	764.21	287.92	3.38	0.95	0.59	Não satisfeito
T4	**M60**	**487.50**	**9.75**	**1052.52**	**711.04**	**293.91**	**4.97**	**1.24**	**0.59**	**Satisfeito**

Quadro 4.8 Misturas de ensaio de M60-GRADE (FA/TA=58%)

Mistura de ensaios	Grau	Cimento	Cinzas volantes	FA	CA	Água	SP	VMA	Água /powder	Resultados do betão fresco
T1	M60	450.00	4.68	1095.73	704.08	268.30	2.25	0.72	0.59	Não satisfeito
T2	M60	475.00	5.09	1096.45	727.54	283.30	2.65	0.86	0.59	Não satisfeito
T3	M60	483.00	4.93	1108.39	744.21	287.90	3.38	0.95	0.59	Não satisfeito
T4	**M60**	**487.50**	**9.68**	**1070.98**	**694.51**	**293.71**	**4.92**	**1.24**	**0.59**	**Satisfeito**

Após a realização de vários ensaios, verificámos que as seguintes proporções de mistura SCC satisfazem as propriedades no estado fresco e as propriedades de resistência exigidas de acordo com as especificações da EFNARC.

Tabela 4.9 Proporções finais da mistura de betão de classe M40

Grau	Rácio FA/TA (%)	Cimento	Cinzas volantes	FA	CA	Água	SP	VMA	Água/pó	Resultados do betão fresco
M40	55%	345	3.70	1015.59	744.12	189.13	3.48	0.87	0.54	Satisfeito
	56%	345	2.34	1034.05	727.58	188.53	3.46	0.87	0.54	Satisfeito
	57%	345	0.98	1052.52	711.05	187.92	3.46	0.86	0.54	Satisfeito
58%	**345**	**0.68**	**1070.98**	**694.51**	**187.91**	**3.45**	**0.86**	**0.54**	**Satisfeito**

Quadro 4.10 Propriedades do betão fresco da classe M40

S.No .	Grau	Rácio FA/TA (%)	Capacidade de enchimento			Resistência à segregação	Capacidade de passe	
			Valor do caudal de abatimento (mm)	T50 (seg)	V- Funil (seg)	V- Funil T5 minutos (seg)	Caixa em L	Caixa em U (mm)
1	M40	55%	685	3.0	6.85	2.12	0.9	18

2	M40	56%	713	3.2	7.25	2.34	0.9	17
3	M40	57%	738	3.6	9.36	2.95	1.00	18
4	**M40**	**58%**	**689**	**3.3**	**9.05**	**2.92**	**1.00**	**16**

Quadro 4.11 Proporções finais da mistura de betão da classe M60

Grau	Rácio FA/TA (%)	Cimento	Cinzas volantes	FA	CA	Água	SP	VMA	Água/pó	Resultados do betão fresco
M60	55%	487.50	9.75	1015.59	744.12	293.90	4.96	1.24	0.59	Satisfeito
	56%	487.50	9.75	1034.05	727.58	293.91	4.97	1.23	0.59	Satisfeito
	57%	487.50	9.75	1052.52	711.04	293.90	4.95	1.24	0.59	Satisfeito
	58%	**487.5**	**9.68**	**1070.98**	**694.51**	**293.71**	**4.92**	**1.24**	**0.59**	**Satisfeito**

Quadro 4.12 Propriedades do betão fresco da classe M60

S.N.	Grau	Rácio FA/TA (%)	Capacidade de enchimento			Resistência à segregação	Capacidade de passe	
			Valor do caudal de abatimento (mm)	T50 (seg)	V- Funil (seg)	V- Funil T5 minutos (seg)	Caixa em L	Caixa em U (mm)
1	M60	55%	753	3.5	7.84	2.43	1.00	18
2	M60	56%	762	3.6	8.54	2.50	0.9	19
3	M60	57%	770	3.8	10.25	3.00	1.00	18
4	**M60**	**58%**	**732**	**3.6**	**9.79**	**2.95**	**1.00**	**17**

Tabela 4.13 Resultados dos ensaios para o betão de grau M40 (7 e 28 dias)

M40 GRAU	Resistência à compressão $(N/mm)^2$		Resistência à rutura Resistência $(N/mm)^2$		Resistência à flexão $(N/mm)^2$	
	7 dias	**28 dias**	**7 dias**	**28 dias**	**7 dias**	**28 dias**
55%	38.90	54.25	2.01	2.97	2.16	3.12
56%	39.93	55.38	2.15	3.08	2.22	3.22
57%	41.09	56.98	2.29	3.36	2.58	3.65
58%	**39.53**	**54.19**	**2.08**	**3.00**	**2.11**	**3.05**

Tabela 4.14 Resultados dos ensaios para o betão de grau M60 (7 e 28 dias)

M60 GRAU	Resistência à compressão $(N/mm)^2$		Resistência à rutura Resistência $(N/mm)^2$		Resistência à flexão $(N/mm)^2$	
	7 dias	**28 dias**	**7 dias**	**28 dias**	**7 dias**	**28 dias**
55%	50.64	70.62	3.00	4.19	3.02	4.34
56%	52.23	71.48	3.12	4.21	3.18	4.44
57%	53.62	74.01	3.39	4.54	3.43	5.01
58%	**51.13**	**70.88**	**3.02**	**4.12**	**3.06**	**4.27**

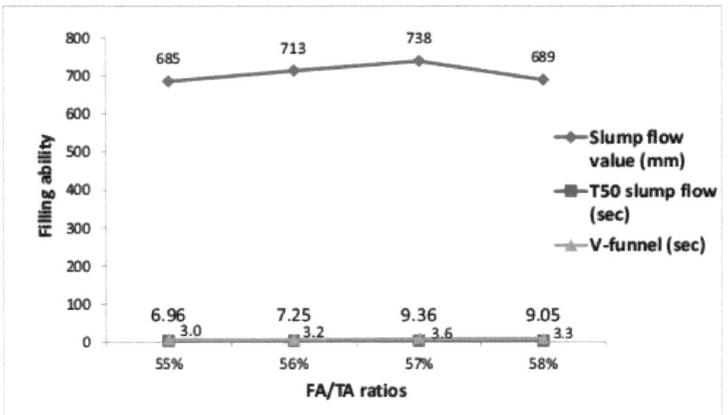

Fig. 4.1 variação da capacidade de enchimento (Grau M40) para rácios FA/TA

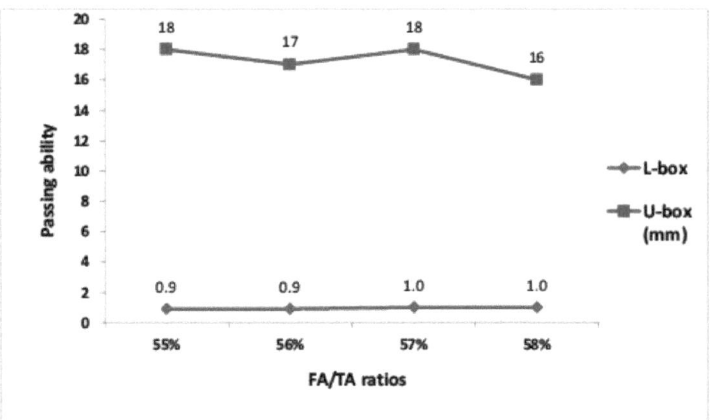

Fig. 4.2 variação da capacidade de passagem (Grau M40) para rácios FA/TA

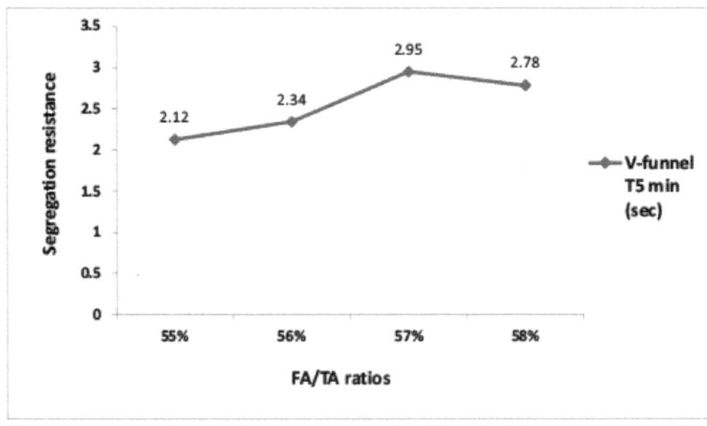

Fig. 4.3 variação da resistência à segregação (Grau M40) para rácios FA/TA

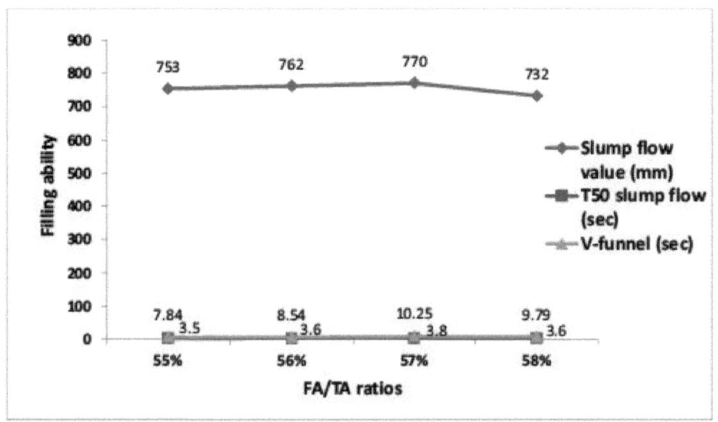

Fig. 4.4 variação da capacidade de enchimento (Grau M60) para rácios FA/TA

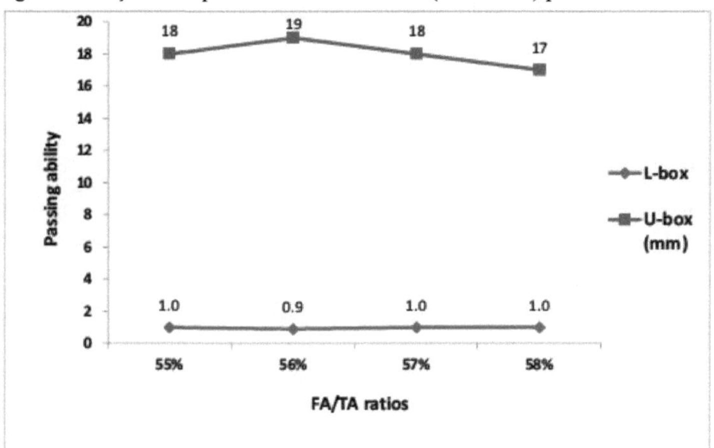

Fig. 4.5 variação da capacidade de passagem (Grau M60) para os rácios FA/TA

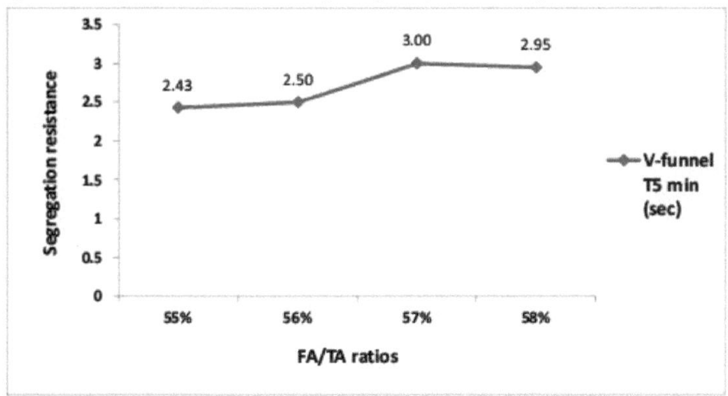

Fig. 4.6 variação da resistência à segregação (Grau M60) para rácios FA/TA

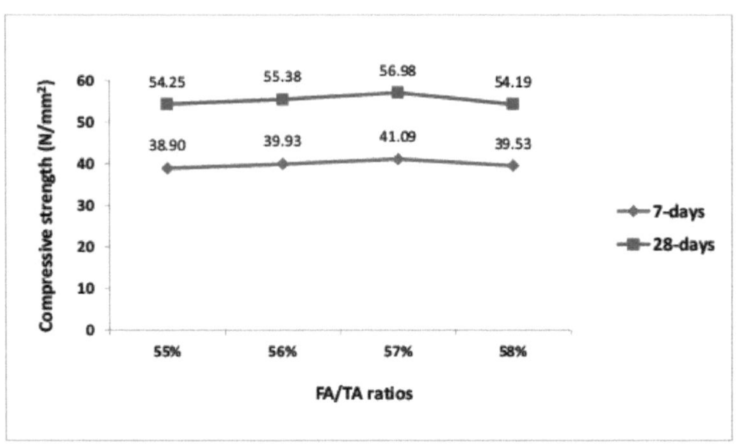

Fig. 4.7 Resistência à compressão para o grau M-40 em cubos aos (7 e 28 dias)

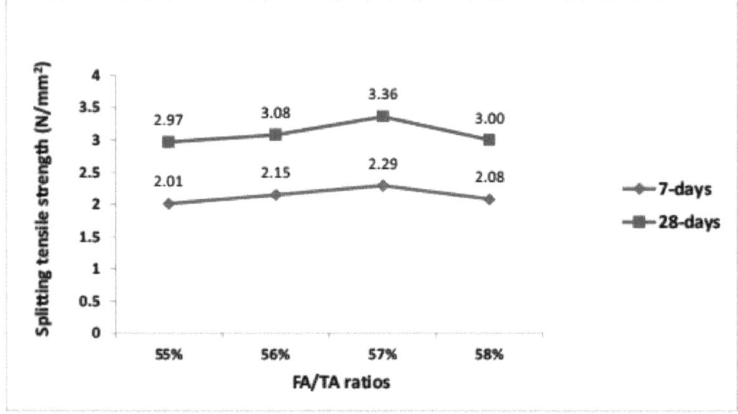

Fig. 4.8 Resistência à tração por fracionamento para o grau M-40 em cilindros aos (7 e 28 dias)

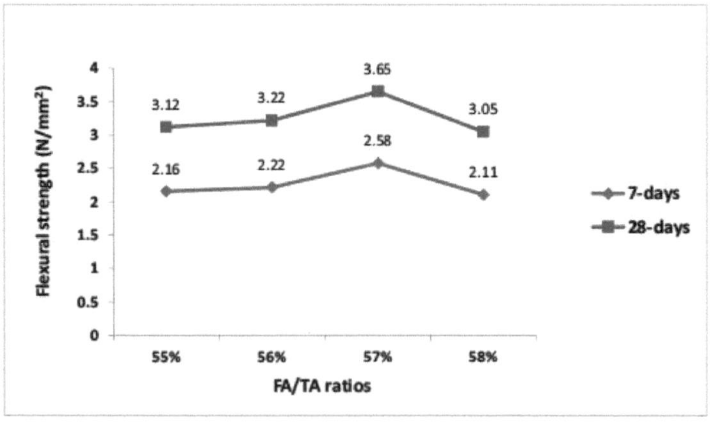

Fig. 4.9 Resistência à flexão para o grau M-40 em prismas aos (7 e 28 dias)

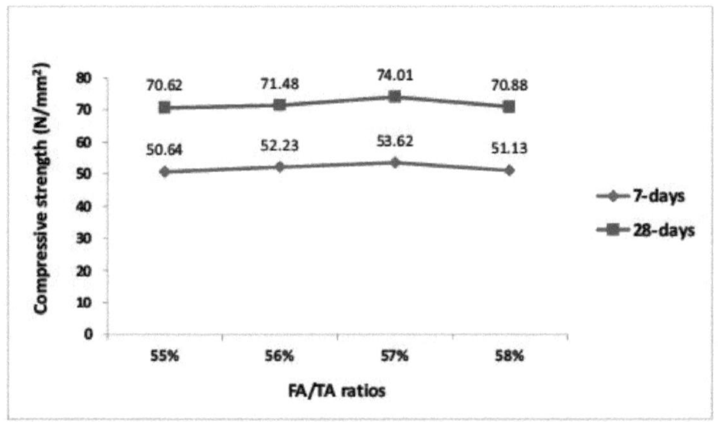

Fig. 4.10 Resistência à compressão para o grau M-60 em cubos aos (7 e 28 dias)

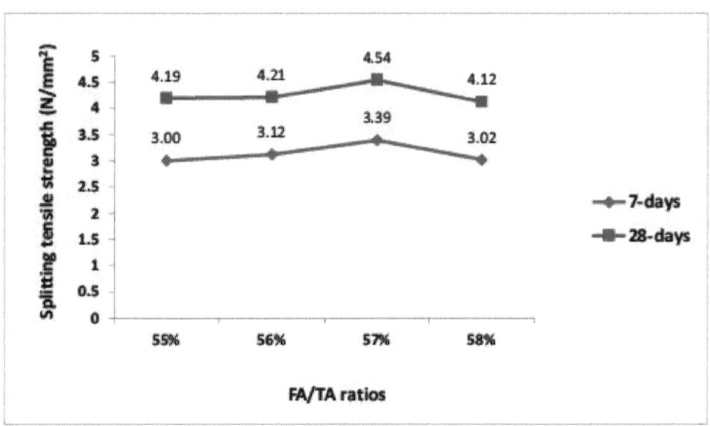

Fig. 4.11 resistência à tração por fracionamento para o grau M-60 em cilindros aos (7 e 28 dias)

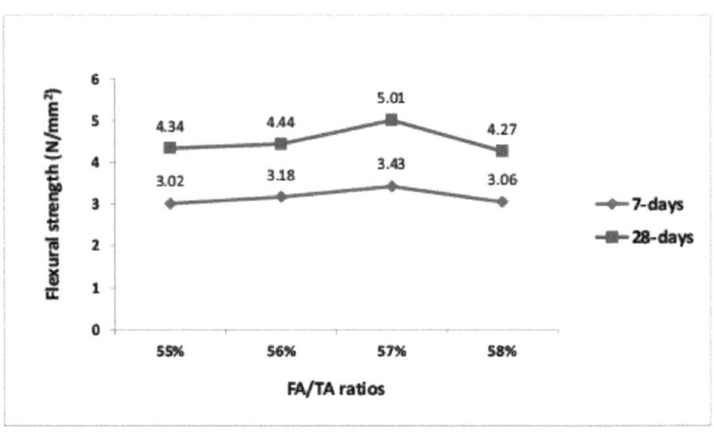

Fig. 4.12 Resistência à flexão para o grau M-60 em prismas aos (7 e 28 dias)

ANEXO-II
Cálculos do método de conceção de misturas "Nan-Su

(I) . Procedimento de projeto de mistura para a classe M40 utilizando o método "Nan Su" (FA/TA=55%)

Resistência   caraterística=40Mpa

Resistência média pretendida=48   ,25Mpa

Densidade específica do cimento (Gc)   = 3,070

Gravidade específica da cinza volante (Gf)   = 2,186

Gravidade específica do super plastificante=   1,090

Gravidade específica do agregado grosso (Wg)   = 2,62

Gravidade específica do agregado fino (Ws) = 2,56

Densidade a granel do agregado grosso=   1560 kg/m3

Densidade a granel do agregado fino=   1742 kg/m3

Fator de   embalagem=1 ,06

    Relação W/C=0   ,55

FA/agregado total (S/a)   =55%

Teor de ar (Va)   =1   ,5%

    Água/cinzas volantes=0   ,45

Quantidade de agregado grosso (Qca) = P.F*Wca*(1-(S/a))

= 1.06*1560*(1-0.55)

= 744,12 kg/m3

Quantidade de agregado fino (Qfa) = P.F*Wfa*(S/a)

= 1.06*1742*(0.55)

= 1015,59 kg/m3

Quantidade de cimento (Qc) = fck/0,14	
	= 48.25/0.14
	= 344,64 kg/m3
Quantidade de água (Qw)	= W/C*C
	= (0.55)*344.64
	= 189,55 litros/m3
Volume de cinzas volantes (Vf)	= 1-(Qca/ (1000*Sca))-(Qfa/ (1000*Sfa))-
	(Qca/ (1000*Sc))- (Qw/ (1000*1))-Va
	= 0.002 m3
Quantidade de cinzas volantes (Qf)	= 3,70 kg/m3

Água para cinzas volantes (Qw-f) = 1,67 litros/m3

Quantidade de Super Plastificante (Qsp) = 1 %* (cimento + cinzas volantes)

                                 = 1/100*(344.64 + 3.70)

                                 = 3,48 litros/m3

Ajuste da mistura do teor de água no SCC	(com 60% do PE)
	= (1-0.4)*3.48
	= 2,088 litros/m3
Quantidade de V M A (Qvma)	= 250*(cimento + cinzas volantes)/100
Tomar 250 ml/100 kg	= 250*(344.64 + 3.70)/100

41

Ajustamento da quantidade de água

$$= 0{,}87 \text{ litros/m3}$$
$$= (Qw) + (Qw\text{-}f) - (Qw\text{-}sp)$$
$$= 189.55 + 1.67 - 2.088$$
$$= 189{,}13 \text{ kg/m3}$$

(II). Procedimento de conceção da mistura para a classe M40 utilizando o método "Nan Su" (FA/TA=56%)

Resistência caraterística	=40Mpa
Resistência média alvo	=48,25Mpa
Densidade específica do cimento (Gc)	= 3.070
Gravidade específica da cinza volante (Gf)	= 2.186
Gravidade específica do super plastificante	= 1.090
Gravidade específica do agregado grosso (Wg)	= 2.62
Gravidade específica do agregado fino (Ws)	= 2.56
Densidade aparente do agregado grosso	= 1560 kg/m3
Densidade a granel do agregado fino	= 1742 kg/m3
Fator de embalagem	= 1.06
Relação W/C	= 0.55
FA/Total agregado (S/a)	= 56%
Teor de ar (Va)	= 1.5%
Água/cinzas volantes	= 0.45

Quantidade de agregado grosso (Qca)

$$= P.F * Wca * (1\text{-}(S/a))$$
$$= 1.06 * 1560 * (1\text{-}0.56)$$
$$= 727{,}58 \text{ kg/m3}$$

Quantidade de agregado fino (Qfa)

$$= P.F * Wfa * (S/a)$$
$$= 1.06 * 1742 * (0.56)$$
$$= 1034{,}05 \text{ kg/m3}$$

Quantidade de cimento (Qc)

$$= fck/0.14$$
$$= 48.25/0.14$$
$$= 344{,}64 \text{ kg/m3}$$

Quantidade de água (Qw)

$$= W/C * C$$
$$= (0.55) * 344.64$$
$$= 189{,}55 \text{ litros/m3}$$

Volume de cinzas volantes (Vf)

$$= 1\text{-}(Qca/(1000*Sca))\text{-}(Qfa/(1000*Sfa))\text{-}(Qca/(1000*Sc))\text{-}(Qw/(1000*1))\text{-}Va$$
$$= 0.004 \text{ m3}$$

Quantidade de cinzas volantes (Qf) = 2,34 kg/m3

Água para cinzas volantes (Qw-f) = 1,05 litros/m3

Quantidade de super plastificante (Qsp)

$$= 1 \% * (\text{cimento} + \text{cinzas volantes})$$
$$= 1/100 * (344.64 + 2.34)$$
$$= 3{,}46 \text{ litros/m3}$$

Ajuste da mistura do teor de água (com 60% do PE)
no SCC

= (1-0.4)*3.46

= 2,081 litros/m3

Quantidade de V M A (Qvma)
Tomar 250 ml/100 kg

= 250*(cimento + cinzas volantes)/100

= 250*(344.64 + 2.34)/100

= 0,86 litros/m3

Ajustamento da quantidade de água

= (Qw) + (Qw-f) - (Qw-sp)

= 189.55 + 1.05 - 2.081

= 188,53 kg/m3

(III) . Processo de conceção da mistura para a classe M40 utilizando o método "Nan Su" (FA/TA=57%)

Resistência caraterística	=40Mpa
Resistência média alvo	=48,25Mpa
Densidade específica do cimento (Gc)	= 3.070
Gravidade específica da cinza volante (Gf)	= 2.186
Gravidade específica do super plastificante	= 1.090
Gravidade específica do agregado grosso (Wg)	= 2.62
Gravidade específica do agregado fino (Ws)	= 2.56
Densidade aparente do agregado grosso	= 1560 kg/m3
Densidade a granel do agregado fino	= 1742 kg/m3
Fator de embalagem	= 1.06
Relação W/C	= 0.55
FA/agregado total (S/a)	= 57%
Teor de ar (Va)	= 1.5%
Água/cinzas volantes	= 0.45

Quantidade de agregado grosso (Qca) = P.F*Wca*(1-(S/a))
= 1.06*1560*(1-0.57)
= 711,04 kg/m3
Quantidade de agregado fino (Qfa) = P.F*Wfa*(S/a)
= 1.06*1742*(0.57)

= 1052,51 kg/m3

Quantidade de cimento (Qc)
= fck/0.14
= 48.25/0.14
= 344,64 kg/m3

Quantidade de água (Qw)
= W/C*C
= (0.55)*344.64
= 189,55 litros/m3

Volume de cinzas volantes (Vf) = 1-(Qca/ (1000*Sca))-(Qfa/ (1000*Sfa))-(Qca/ (1000*Sc))- (Qw/ (1000*1))-Va = 0,001 m3
Quantidade de cinzas volantes (Qf) = 0,98 kg/m3
Água para cinzas volantes (Qw-f) = 0,44 litros/m3
Quantidade de super plastificante = 1 %* (cimento + cinzas volantes)

(Qsp)
$$= 1/100*(344.64 + 0.98)$$
$$= 3{,}46 \text{ litros/m3}$$

Ajuste da mistura do teor de água no SCC

(com 60% do PE)

$$= (1\text{-}0.4)*3.46$$
$$= 2{,}078 \text{ litros/m3}$$

Quantidade de V M A (Qvma)
Tomar 250 ml/100 kg

$= 250*(\text{cimento} + \text{cinzas volantes})/100 = 250*(344{,}64 + 0{,}98)/100 = 0{,}86 \text{ litros/m3}$

Ajustamento da quantidade de água
=

$$= (Qw) + (Qw\text{-}f) - (Qw\text{-}sp)$$
$$= 189.55 + 0.44 - 2.078$$
$$= 187{,}92 \text{ kg/m3}$$

(IV) . Processo de conceção da mistura para a classe **M40 utilizando o método "Nan Su" (FA/TA=58%)**

Resistência caraterística	=40Mpa
Resistência média alvo	=48,25Mpa
Densidade específica do cimento (Gc)	= 3.070
Gravidade específica da cinza volante (Gf)	= 2.186
Gravidade específica do super plastificante	= 1.090
Gravidade específica do agregado grosso (Wg)	= 2.62
Gravidade específica do agregado fino (Ws)	= 2.56
Densidade aparente do agregado grosso	= 1560 kg/m3
Densidade a granel do agregado fino	= 1742 kg/m3
Fator de embalagem	= 1.06
Relação W/C	= 0.55
FA/agregado total (S/a)	= 58%
Teor de ar (Va)	= 1.5%
Água/cinzas volantes	= 0.45

Quantidade de agregado grosso (Qca)

$$= P.F*Wca*(1\text{-}(S/a))$$
$$= 1.06*1560*(1\text{-}0.58)$$
$$= 694{,}51 \text{ kg/m3}$$

Quantidade de agregado fino (Qfa)

$$= P.F*Wfa*(S/a)$$
$$= 1.06*1742*(0.58)$$
$$= 1070{,}98 \text{ kg/m3}$$

Quantidade de cimento (Qc)

$$= fck/0.14$$
$$= 48.25/0.14$$
$$= 344{,}64 \text{ kg/m3}$$

Quantidade de água (Qw)

$$= W/C*C$$
$$= (0.55)*344.64$$
$$= 189{,}55 \text{ litros/m3}$$

Volume de cinzas volantes (Vf)

$= 1\text{-}(Qca/ (1000*Sca))\text{-}(Qfa/ (1000*Sfa))\text{-}(Qca/ (1000*Sc))\text{-} (Qw/ (1000*1))\text{-}Va = 0{,}001 \text{ m3}$

Quantidade de cinzas volantes (Qf) $= 0{,}68 \text{ kg/m3}$

Água para cinzas volantes (Qw-f)	= 0,44 litros/m3
Quantidade de super plastificante (Qsp)	= 1 %* (cimento + cinzas volantes)
	= 1/100*(344.64 + 0.68)
	= 3,45 litros/m3

Ajuste da mistura do teor de água (com 60% do PE) no SCC

	= (1-0.4)*3.45
	= 2,071 litros/m3
Quantidade de V M A (Qvma)	= 250*(cimento + cinzas volantes)/100
Tomar 250 ml/100 kg	= 250*(344.64 + 0.68)/100
	= 0,86 litros/m3
Ajustamento da quantidade de água	= (Qw) + (Qw-f) - (Qw-sp)
	= 189.55 + 0.44 - 2.071
	= 187,91 kg/m3

(I). Procedimento de conceção da mistura para a classe **M60** utilizando o método "Nan Su" (FA/TA=55%)

Resistência caraterística	= 60Mpa
Resistência média alvo	= 68,25Mpa
Densidade específica do cimento (Gc)	= 3.070
Gravidade específica da cinza volante (Gf)	= 2.186
Gravidade específica do super plastificante	= 1.090
Gravidade específica do agregado grosso (Wg)	= 2.62
Gravidade específica do agregado fino (Ws)	= 2.56
Densidade aparente do agregado grosso	= 1560 kg/m3
Densidade a granel do agregado fino	= 1742 kg/m3
Fator de embalagem	= 1.06
Relação W/C	= 0.60
FA/agregado total (S/a)	= 55%
Teor de ar (Va)	= 2%
Água/cinzas volantes	= 0.45

Quantidade de agregado grosso (Qca)	= P.F*Wca*(1-(S/a))
	= 1.06*1560*(1-0.55)
	= 744,12 kg/m3
Quantidade de agregado fino (Qfa)	= P.F*Wfa*(S/a)
	= 1.06*1742*(0.55)
	= 1015,59 kg/m3
Quantidade de cimento (Qc)	= fck/0.14
	= 68.25/0.14
	= 487,50 kg/m3
Quantidade de água (Qw)	= W/C*C
	= (0.60)*487.50
	= 292,50 litros/m3
Volume de cinzas volantes (Vf)	= 1-(Qca/ (1000*Sca))-(Qfa/ (1000*Sfa))-

	(Qca/ (1000*Sc))- (Qw/ (1000*1))-Va
	= 0.002 m3
Quantidade de cinzas volantes (Qf)	= 9,75 kg/m3
Água para cinzas volantes (Qw-f)	= 4,39 litros/m3
Quantidade de super plastificante (Qsp)	= 1 %* (cimento + cinzas volantes)
	= 1/100*(487.50 + 9.75)
	= 4,97 litros/m3
	= (1-0.4)*4.97
	= 2,98 litros/m3
Quantidade de V M A (Qvma) Tomar 250 ml/100 kg	= 250*(cimento + cinzas volantes)/100
	= 250*(487.50 + 9.75)/100
	= 1,24 litros/m3
Ajuste da mistura do teor de água no SCC	(com 60% do PE)
Ajustamento da quantidade de água	= (Qw) + (Qw-f) - (Qw-sp)
	= 292.50 + 4.39 - 2.98
	= 293,91 kg/m3

(II). Procedimento de conceção da mistura para a classe **M60 utilizando o método "Nan Su**

(FA/TA=56%)

Resistência caraterística	
Resistência média alvo	
Densidade específica do cimento (Gc)	= 60Mpa
Gravidade específica da cinza volante (Gf)	= 68,25Mpa
	= 3.070
Gravidade específica do super plastificante	= 2.186
	= 1.090

Gravidade específica do agregado grosso (Wg)   = 2,62
Gravidade específica do agregado fino (Ws) = 2,56

Densidade aparente do agregado grosso	= 1560 kg/m3
	= 1742 kg/m3
Densidade a granel do agregado fino	= 1.06
Fator de embalagem	= 0.60
Relação W/C	
FA/agregado total (S/a)	= 56%
Teor de ar (Va)	= 2%
Água/cinzas volantes	= 0.45
Quantidade de agregado grosso (Qca)	= P.F*Wca*(1-(S/a))
	= 1.06*1560*(1-0.56)
	= 727,58 kg/m3
Quantidade de agregado fino (Qfa)	= P.F*Wfa*(S/a)

	= 1.06*1742*(0.56)
	= 1034,05 kg/m3
Quantidade de cimento (Qc)	= fck/0.14
	= 68.25/0.14
	= 487,50 kg/m3
Quantidade de água (Qw)	= W/C*C
	= (0.60)*487.50
	= 292,50 litros/m3
Volume de cinzas volantes (Vf)	= 1-(Qca/ (1000*Sca))-(Qfa/ (1000*Sfa))-
	(Qca/ (1000*Sc))- (Qw/ (1000*1))-Va
	= 0.002 m3
Quantidade de cinzas volantes (Qf)	= 9,75 Kg/m3
Água para cinzas volantes (Qw-f)	= 4,39 litros/m3
Quantidade de superplastificante (Qsp) = 1 %* (cimento + cinzas volantes)
	= 1/100*(487.50 + 9.75)
	= 4,97 litros/m3

Ajuste da mistura do teor de água no SCC (tomando 60% do SP)

$$= (1-0.4)*4.97$$
$$= 2,98 \text{ litros/m3}$$

Quantidade de V M A (Qvma)
Tomar 250 ml/100 kg

$$= 250*(\text{cimento} + \text{cinzas volantes})/100$$
$$= 250*(487.50 + 9.75)/100$$
$$= 1,24 \text{ litros/m3}$$

Ajustamento da quantidade de água = (Qw) + (Qw-f) - (Qw-sp)

$$= 292.50 + 4.39 - 2.98$$
$$= 293,90 \text{ kg/m3}$$

(III). Procedimento de conceção da mistura para a classe **M60 utilizando o método "Nan Su" (FA/TA=57%)**

Resistência caraterística	= 60Mpa
Resistência média alvo	= 68,25Mpa
Densidade específica do cimento (Gc)	= 3.070
Gravidade específica da cinza volante (Gf)	= 2.186
Gravidade específica do super plastificante	= 1.090
Gravidade específica do agregado grosso (Wg)	= 2.62
	= 2.56
Gravidade específica do agregado fino (Ws)	= 1560 kg/m3
Densidade aparente do agregado grosso	= 1742 kg/m3
Densidade a granel do agregado fino	= 1.06
Fator de embalagem	= 0.60
Relação W/C	= 57%
FA/Total agregado (S/a)	= 2%

Teor de ar (Va) Água/cinzas volantes	= 0.45

Quantidade de agregado grosso (Qca) $= P.F*Wca*(1-(S/a))$
$= 1.06*1560*(1-0.57)$
$= 711{,}02$ kg/m3

Quantidade de agregado fino (Qfa) $= P.F*Wfa*(S/a)$
$= 1.06*1742*(0.57)$
$= 1052{,}52$ kg/m3

Quantidade de cimento (Qc) $= fck/0.14$
$= 68.25/0.14$
$= 487{,}50$ kg/m3

Quantidade de água (Qw) $= W/C*C$
$= (0.60)*487.50$
$= 292{,}50$ litros/m3

Volume de cinzas volantes (Vf) $= 1-(Qca/ (1000*Sca))-(Qfa/ (1000*Sfa))-(Qca/ (1000*Sc))- (Qw/ (1000*1))-Va$
$= 0.002$ m3

Quantidade de cinzas volantes (Qf) $= 9{,}75$ kg/m3

Água para cinzas volantes (Qw-f) $= 4{,}39$ litros/m3

Quantidade de superplastificante (Qsp) = 1 %* (cimento + cinzas volantes)
$= 1/100*(487.50 + 9.75)$
$= 4{,}97$ litros/m3

Ajuste da mistura do teor de água no SCC (tomando 60% do SP)
$= (1-0.4)*4.97$
$= 2{,}98$ litros/m3

Quantidade de V M A (Qvma)
Tomar 250 ml/100 kg $= 250*(cimento + cinzas volantes)/100$
$= 250*(487.50 + 9.75)/100$
$= 1{,}24$ litros/m3

Ajustamento da quantidade de água = (Qw) + (Qw-f) - (Qw-sp)
$= 292.50 + 4.39 - 2.98$
$= 293{,}91$ kg/m3

(IV). Procedimento de conceção da mistura para a classe M60 utilizando o método "Nan Su" (FA/TA=58%)

Resistência caraterística
Resistência média alvo
Densidade específica do cimento

(Gc)	= 60Mpa
Gravidade específica da cinza	= 68,25Mpa
volante (Gf)	= 3.070
Gravidade específica do super	= 2.186
plastificante	= 1.090

Gravidade específica do agregado grosso (Wg)   = 2,62
Gravidade específica do agregado fino (Ws) = 2,56

Densidade aparente do agregado grosso	= 1560 kg/m3
Densidade a granel do agregado fino	= 1742 kg/m3
Fator de embalagem	= 1.06
Relação W/C	= 0.60
FA/Total agregado (S/a)	= 58%
Teor de ar (Va)	= 2%
Água/cinzas volantes	= 0.45
Quantidade de agregado grosso (Qca)	= P.F*Wca*(1-(S/a))
	= 1.06*1560*(1-0.58)
	= 694,51 kg/m3
Quantidade de agregado fino (Qfa)	= P.F*Wfa*(S/a)
	= 1.06*1742*(0.58)
	= 1070,98 kg/m3
Quantidade de cimento (Qc)	= fck/0.14
	= 68.25/0.14
	= 487,50 kg/m3

Quantidade de água (Qw)	= W/C*C
	= (0.60)*487.50
	= 292,50 litros/m3
Volume de cinzas volantes (Vf)	= 1-(Qca/ (1000*Sca))-(Qfa/ (1000*Sfa))- (Qca/ (1000*Sc))- (Qw/ (1000*1))-Va
	= 0.002 m3
Quantidade de cinzas volantes (Qf)	= 9,68 kg/m3
Água para cinzas volantes (Qw-f)	= 4,19 litros/m3

Quantidade de superplastificante (Qsp) = 1 %* (cimento + cinzas volantes)
                                       = 1/100*(487.50 + 9.68)
                                       = 4,97 litros/m3
Ajuste da mistura do teor de água no SCC (tomando 60% do SP)
                                       = (1-0.4)*4.97
                                       = 2,98 litros/m3

Quantidade de V M A (Qvma) Tomar 250 ml/100 kg	= 250*(cimento + cinzas volantes)/100
	= 250*(487.50 + 9.68)/100
	= 1,24 litros/m3

Ajustamento da quantidade de água = (Qw) + (Qw-f) - (Qw-sp)

$$= 292.50 + 4.19 - 2.98$$

$$= 293,71 \text{ kg/m3}$$

REFERÊNCIAS

- **De Schutter .G (2005)** "Guidelines for testing fresh Self-compacting concrete" A journal of measurement of properties of fresh self-compacting concrete.
- **Especificações "EFNARC" (2002)** "Especificações e directrizes para o betão auto-adensável".
- **Hajime Okamura e Mashaor Ouchi (2003),** "Self-Compacting concrete" journal of Advanced Concrete Technology Vol.1, No.1, pp. 5-15, abril de 2003.
- **Hibino, M., Okamura, M., e Ozawa, K. (1998).** "Role of Viscosity Modifying Agent in Self-Compatibility of Fresh Concrete" (Papel do agente modificador de viscosidade na auto-compatibilidade do betão fresco). Actas da Sexta Conferência da Ásia Oriental sobre Engenharia e Construção Estrutural, 2, pp. 1313-1318.
- **KAZUMASA OZAWA (1988), Domone et al (1999), e Gibbs et al (1999)** "Self-Compacting concrete" journal of Advance Concrete Technology Vol.1, No.1,5-15, April (1999).
- **Nan Su- Cement and Concrete Composites 25 (2003)** "A new method for mix design of medium strength flowing concrete with low cement concrete" pp. 215-222
- **Nan Su, Kung-Chung Hsu e His Wen Chai (2001).** "A Simple mix design method for Self Compacting Concrete" Cement and Concrete Research 31 (2001) 1799-1807.
- **Ouchi, M., Hibino, M., Sugamata, T., e Okamura, H. (2001).** "A Quantitative Evaluation Method for the effect of Super plasticizer in Self Compacting Concrete", Transactions of JCI, pp. 15-20.
- **Shetty M.S. (2006)** Concrete Technology S. Chand & Company LTD
- **Subramanya Chattopadhyay** "Development of Self Compacting under water" ACI Materials Journal, V.96 No.3, maio-junho, pp. 346
- **Khayat, K.H., (1999)** "Workability, Testing and performance of Self consolidated Concrete" ACI Materials Journal, V.96 No.3, maio-junho, pp.346-352.
- **Su J.K., Cho S. W., Yang C. C. e Huang R(2002)** "Effect of sand ratio on the elastic modulus of Self compacting concrete" Journal of marine science and technology, vol-10,No.1,pp.8-13.
- **Prof. Aijaz Ahmad Zende, Dr. R. B. Khadirnaikar** "An Overview of the Properties of Self Compacting Concrete" IOSR Journal of Mechanical and Civil Engineering, e-ISSN: 2278-1684, p-ISSN: 2320-334X, 2014, PP 35-43.
- Specification and Guidelines for Self-Compacting Concrete", EFNARC, Fev 2002.
- **S. Venkateswara Rao, M.V. Seshagiri Rao, 12 3P. Rathish Kumar** "Effect of Size of Aggregate and Fines on Standard and High Strength Self Compacting Concrete" Journal of Applied Sciences Research, 6(5): 433-442, 2010.
- **N. Mishima, Y. Tanigawa, H. Mori, Y. Kurokawa, K. Terada, e T. Hattori,** "Study on Influence of Aggregate Particle on Rheological Property of Fresh Concrete," Journal of the Society of Materials Science, Japão, Vol. 48, No. 8, 1999, pp. 858 - 863.
- **Khayat K. H.,** "Workability, Testing and Performance of Self Consolidating Concrete", ACI Materials Journal, Vol. 96, No. 3, maio-junho de 1999, pp.346-354.
- **Mattur C. Narasimhan, Gopinatha Nayak, Shridhar K.C.,** "Strength and Durability of High-Volume Fly-ash Self-compacting Concrete", ICI Journal, janeiro-março de 2009, pp. 7-16.
- **Dr. Sra. S.A. Bhalchandra, Pawase Amit Bajirao** "International Journal Of

Computational Engineering Research", Vol. 2 Issue. 4, julho de 2012.

• **Paratibha AGGARWAL, Rafat SIDDIQUE, Yogesh AGGARWAL, Surinder M GUPTA** "Leonardo Electronic Journal of Practices and Technologies" ISSN 1583-1078 Número 12, janeiro-junho de 2008 p. 15-24.

• **Esraa Emam Ali, Sherif H. Al-Tersawy** "Recycled glass as a partial replacement for fine aggregate in self compacting concrete", Construction and Building Materials 35 (2012)785-791.

• **Mounir M. Kamal, Mohamed A. Safan, Zeinab A. Etman, Bsma M. Kasem**, "Mechanical properties of self-compacted fiber concrete mixes", Housing and Building National Research Center Journal, (2014) 10, 25-34.

• **Mounir M. Kamal , Mohamed A. Safan, Zeinab A. Etman, Bsma M. Kasem**, "Mechanical properties of self-compacted fiber concrete mixes", Housing and Building National Research Center Journal, (2014) 10, 25-34.

• **M. Valcuende, C. Parra, E. Marco, A. Garrido, E. Martinez, J. Canoves**, "Construção e Materiais de Construção" 28 (2012) 122-128.

• **A.S.E. Belaidi , L. Azzouz, E. Kadri, S. Kenai**, "Effect of natural pozzolana and marble powder on the properties of self-compacting concrete", Construction and Building Materials" 31 (2012) 251-257.

• **Rahmat Madandoust, S. Yasin Mousavi**, "Fresh and hardened properties of selfcompacting concrete containing metakaolin", Construction and Building Materials 35 (2012)752-760.

Printed by Books on Demand GmbH, Norderstedt / Germany